# 快乐生活 轻松工作

申俊霞 编著

煤炭工业出版社
·北 京·

**图书在版编目（CIP）数据**

快乐生活，轻松工作 / 申俊霞编著. -- 北京：煤炭工业出版社，2018

ISBN 978-7-5020-6829-5

Ⅰ.①快… Ⅱ.①申… Ⅲ.①人生哲学—通俗读物 Ⅳ.①B821-49

中国版本图书馆 CIP 数据核字（2018）第 190492 号

**快乐生活　轻松工作**

---

**编　　著**　申俊霞
**责任编辑**　高红勤
**封面设计**　荣景苑

**出版发行**　煤炭工业出版社（北京市朝阳区芍药居 35 号　100029）
**电　　话**　010-84657898（总编室）　010-84657880（读者服务部）
**网　　址**　www.cciph.com.cn
**印　　刷**　永清县晔盛亚胶印有限公司
**经　　销**　全国新华书店

**开　　本**　880mm×1230mm 1/32　**印张**　7 1/2　**字数**　200 千字
**版　　次**　2018 年 9 月第 1 版　2018 年 9 月第 1 次印刷
**社内编号**　20180048　**定价**　38.80 元

---

# 前言

工作是生活中的一部分，用好的心态对待工作中的每一件事，快乐地完成它，我们就可以享受工作带来的乐趣，并且在整个工作过程中感受到自己成长的幸福。

苦中作乐不是自我麻痹，不是消极退却，而是对生活和工作的另一种理解。就好像古希腊哲学家伊壁鸠鲁老先生所说的一样，“欢乐的贫困是件美事！”一个人是可以既征服困难，又生活得很快乐的。

如果我们对工作存有抱怨、消极等情绪，你的工作根本就无快乐可言，你对工作的热情、忠诚和创造力就无法被最大限度地激发出来，那么你的成绩也将是平庸的，你也只能是混日子，做着当一天和尚撞一天钟的事。

为什么我们不去选择快乐，反而选择痛苦呢？生活中如此，工作中也如此。有一家研究机构对全美国的大部分成功人士做了一个调查，调查的结果是：94%以上的人都在做着他们最喜爱的

工作，他们在工作中感觉到的只有快乐，没有痛苦。一个对工作感到厌恶的人，不管他如何努力，绝对不会有优秀的表现。

也是内心的问题。可是，外界的风雨我们管不了，自己的内心我们还不能管吗？无论外界如何，我们始终在内心保持着乐观和悠然，那么，生活还会尽是烦恼和忧愁吗？

有人曾经问过一些饱受磨难的人是否总是感到痛苦和悲伤，有的人答道："不是的，倒是很快乐，甚至今天我有时还因回忆它而快乐。"为什么会这样呢？这是因为他从心理上战胜了磨难，他从磨难中得到了生活的启示，他为此而快乐。

快乐地生活，快乐地工作，就是对自己最好的奖励。为此，在工作与生活中我们要学会建立自己内心的标准与满足感，当成功地完成一件任务时，自己心里最清楚、最满足、最快乐。

# 目录

## |第一章|

## 张弛有度，快乐自己

|第二章|

## 学会休息



|第三章|

## 懂得放弃

|第四章|

## 用心生活



|第五章|

## 把工作和快乐变得简单

|第六章|

## 为谁而工作



|第七章|

## 分享与合作

# 第一章

# 张弛有度，快乐自己

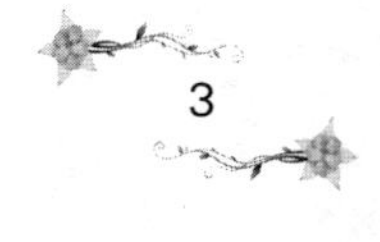



## 从工作中发现乐趣

人生有三分之二的时间是在工作中度过的，工作是人生中不可或缺的一部分。因此你的工作是否快乐就意味着你的人生是否快乐，如果你从工作中感觉不到快乐，那么你这一生也注定是痛苦的。

罗素说过：“我的人生是使事业成为喜悦，使喜悦成为事业。爱工作，悉心去做事情，你绝不会一无所获。你会过得快乐，而这份快乐是没有人能夺去的。”

《世界上最伟大的推销员》的作者罗狄诺说：“很少有人意识到，他们的幸福是建立在工作的基础上的，人生成功的主

要道路之一是每天保持对工作的兴趣，能够有持久的热忱，并能将每一天看得同样重要。”

如果我们希望自己的人生是快乐的，就该把工作当成一种乐趣，而不是一种苦役。

也许有人会立刻反驳这一观点，他们认为工作是枯燥而乏味的，整天做同一种工作，早已如同机器人一样，哪里还谈什么快乐？

但是如果你把它当成一种趣事来做，主动从中寻找快乐，不去刻意“挖掘”那些令你痛苦和烦恼的事，你就会发现其实快乐也很简单。

杰克逊年轻的时候在一家玩具厂工作，他每天的工作就是检查工人生产出的产品是否合格，这个工作需要精神高度集中，否则漏掉一个不合格的玩具就会受罚。他每天工作得很辛苦，由于整天干同一种活，面对的是一堆没有生命、不会说话、不会活动的玩具，他的心里很快产生了厌烦的感觉。时间长了，他几乎到了崩溃的地步。他想整天做这种毫无意义、单调乏味的工作，何时才有出头之日呢？

他忍不住开始抱怨起来，正好在一旁工作的其他同事听到

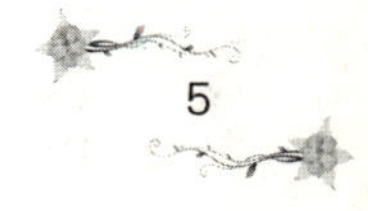



了，他们也纷纷抱怨起来。但是有一位同事没有抱怨，相反，他对大家说：“难道我们不能把枯燥变成乐趣吗？”

于是他们开始寻找乐趣，后来，他们发现在工作中采取一种游戏的方式可以大大提高大家的积极性，他们按照这种方式来做，结果不仅大家都感到了快乐，而且工作效率也大大提高了。老板知道这件事之后，便对这些工人进行了加薪、升职的奖励。

以游戏的方式对待工作，似乎有些无法令人相信和接受，因为人们普遍认为工作是件严肃的事，你看平时工作中的每个人的表情都是严肃的，很少有人面带笑容，特别是老板，更是一副严厉的样子，让人无法快乐、轻松起来。

无疑，我们应该以认真的态度对待工作，但是也应该以快乐的心情来体会工作中的乐趣。人生大部分时间都是在工作中、在公司里度过的，从早上八九点到下午五六点，甚至更长的时间，我们都是与自己的工作“亲密接触”，如果在这段时间里，你不能保持快乐的心情，不能让自己有一种乐在其中的感觉，那么，你这一天大部分的时间都将会在痛苦中度过。

人的一生中，可以没有名，没有利，没有财富，但绝不可

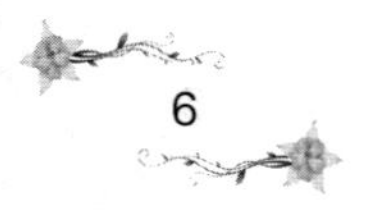

以没有工作的乐趣。

一生不能在快乐中度过是人的最大悲哀，这样的人生是痛苦的，也是可怜可悲的。

如果你把工作当成苦役，你就永远只能是工作的奴隶，听从它对你喜怒哀乐的调遣；而如果你把工作当成乐趣，从中主动寻找、发现快乐，你就是工作的主人，你就能在工作的同时享受创造的幸福以及由此带来的巨大收获。

中国伟大的文学家鲁迅一生笔耕不辍，他的一生是短暂的，但却是辉煌而丰富的，他以勤奋的劳动创造了不可计数的作品，影响了一代又一代人。

他的一生除了写作、教书，很少从事其他的娱乐活动，他把大部分时间都用在了写作上，似乎从不厌倦。据说，有一段时间为了赶一份稿子，他曾经连续一个月没有出门，每天工作18个小时，困了就在书桌上趴一会儿，醒来接着创作。曾有人问他何以有这么大的精力，难道不觉得累吗？鲁迅说：“我把工作当成一种享受，从中体会到无穷的乐趣，你说我整天很快乐，还会觉得累吗？”

一个把工作当成生命全部的人，毋庸置疑，他可以从工作

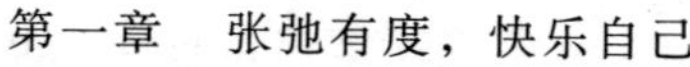

中体会到快乐，这种快乐是劳动带来的身心愉悦。

化妆师为新郎、新娘化完妆的时候，从新郎、新娘漾着笑容的脸上体会到工作的乐趣；画家完成自己的作品时，会从人们赞不绝口的话语中体会到工作的乐趣；作家完成一部小说时，会从人们争相阅读的场面里体会到工作的乐趣。

工作的乐趣在于你的创造，在于你首先把它当成一种趣事。一个在工作中愁眉苦脸的人，很难创造出令自己也令他人满意的成绩来。

现实中，有很多员工整天无精打采、眉头紧锁，他们总是感觉工作如同苦役，劳累而且乏味。虽然他们拿着相对较高的薪水，做着一份令人羡慕的工作，但是他们却并不快乐。由于不快乐，他们总是应付了事、消极怠工，没有上进心，没有积极性，缺乏责任感，缺乏创造性。

不可否认，这样的员工是没有前途的，他们只是被动地工作，把工作当成一种负担、一种压力，而不是一件快乐的事情，当然他们也就无法从中感受到快乐。

如果工作中没有快乐，只有紧张、疲倦和失望，那么你的人生将会多么痛苦。即使你的忙碌给你带来了“名”与“利”，但最终你也将无法享受到幸福和快乐。

从工作中发现乐趣，最主要的是不要让自己成为工作的奴隶，你要做工作的主人，由你来操纵工作，而不是让工作来操纵你。

把工作当成一种乐趣吧，即使再累再苦的工作，也要试着将它变成一种快乐的游戏，这样你才能让工作充满乐趣，而不是痛苦。

## 保持快乐心情

有一个人经过艰苦奋斗自己开了公司，做了老板，但他还是保持俭朴的习惯。他总是到小饭店去吃饭，除非请客户吃饭，他才会去大饭店。他常说的一句话就是："钱要用到刀刃上。"

一个做老板的对待自己的生活如此苛刻，这多少让人觉得他是自找苦吃，但是他自己并不觉得苦，他时常面带笑容，对待员工非常热情。员工也都被他的乐观性格所感染，纷纷开始苦中作乐的生活体验。

有一次，他跟许多员工一块儿去吃饭，在一碗米饭里，他

发现有一个黑色的东西——苍蝇。

当时，这个老板是这么做的：

他依然像往常一样面带笑容，叫来饭店老板，微笑着说：“老板，今天的饭做得很好吃！”

饭店老板当时很谦虚地说：“哪里，哪里，您过奖了。”

接着，这个老板指着那碗白米饭，依然笑呵呵地说：“你看，连苍蝇都想来跟我分一杯羹呢。”

饭店老板一看，立刻惊慌失措地说：“真是对不起，真是对不起。”

接着，饭店老板就给他换了一碗新的米饭，并附赠了一杯咖啡和一句话：“让您受惊了，对不起。”

当时，所有的员工对他佩服得五体投地，他们没想到一个做老板的人竟然如此大度。

一般而言，许多老板都是摆出一副盛气凌人的架势，好像他是大王，别人都是奴隶，不仅对自己的员工如此，对外面的陌生人也多是如此，特别是对待饭店里的服务员，有错没错都会大声指责挑剔人家一番。像这种饭里发现苍蝇的事件，一般人肯定都会大发雷霆，然后叫来饭店老板赔理道歉。末尾，还

要附上一句："今天真是倒霉透了！"

这个老板不仅没有生气，反而很快乐，他说："今天本来我只该吃一碗米饭，但是幸运的是我还额外得到一杯饮料，虽然有只苍蝇，但我是在吃饭之前发现的，已经算是万幸了。如果我在吃掉一半的时候才发现岂不糟糕？"

快乐其实是自己创造的，而不是他人给予的，有些人总希望从别人那里获得快乐，如果别人冒犯了他，他就会十分生气。这种人把自己的快乐寄托在别人身上，自己的喜怒哀乐由别人决定，而事实上他们想要得到快乐是很难的。

人生最大的享受就是快乐，谁都不愿在悲伤中生活，笑和愉快的心情是每个人都渴望的。

但是正如有光明就有黑暗一样，这个世界不会只给我们快乐的好事，而不给我们悲伤的坏事。我们要面对种种烦恼，包括自身所遭遇的，也包括别人所附加的，但是无论如何，只要你保持快乐的心境，那么你就不会被这些外界的事情所主宰；只要你想快乐，没有人能够阻挡，因为快乐是自己创造的。

两个人到非洲推销皮鞋，到了那里之后他们发现，这里天气炎热，每人都打着赤脚，他们看不到一个穿鞋的人。第一个推销员看到如此情形，心情马上变得很沉重，他对同伴说：

“看来我们选错了地方，这里根本就不需要皮鞋。”他显得很失望，决定放弃努力，结果沮丧而回。另一个推销员看到同样的情形，高兴地说：“这里没有一个人穿鞋，如果我能让他们改变不穿鞋的传统，那么这皮鞋市场就会很大。”于是他想出许多办法，引导非洲人购买皮鞋。刚开始没有一个人看一眼他的鞋，但是他依旧不灰心、不失望，心情依然那么快乐。不久，他改变战略，最后发了大财。

这就是心态导致的天壤之别。同样的市场，同样是面对打赤脚的非洲人，一个悲观沮丧，结果不战而败；另一个乐观开朗、满怀信心，结果大获全胜。

快乐的心情也能影响我们的命运，决定我们是成功还是失败。心情快乐的时候，做事情的效率才会高，才能将事情做得更好，也才能更快地走上成功之路。字典上对“快乐”的定义大多是觉得满足与幸福。德国哲学家康德认为：“快乐使我们的需求得到了满足。”快乐让我们的心灵受到洗涤，感觉一切都富有意义，付出的艰辛劳动，经历的艰难困苦都在快乐的心情中消失殆尽。

工作伴随我们一生，那么在工作中能否保持快乐心情就

决定了我们的一生是快乐的还是忧愁的，我们可以快乐地过一生，也可以忧愁地过一生，但是这两种心情却决定了两种截然不同的人生。

工作中难免出现各种问题，职场中有顺利，也有挫折；有喜悦，也有痛苦。我们以什么样的心情对待，很多时候决定了我们的工作效率。快乐的工作是一种良好的工作态度，只有快乐，才能保持良好的工作状态，做好自己的工作。那么，如何才能获得快乐呢？

1．脸皮“厚”一点儿

不要太在乎别人的批评，不要因外界的事情而烦恼，不要因为别人的一句恶言恶语就伤心气愤，感觉自尊心受到伤害，心情无法保持平静。当别人批评你时，你应该心平气和地反省一下，如果别人的批评是正确的，你就应该虚心接受并改进。如果批评是不公正的，何不一笑置之呢？让自己的脸皮变得“厚”一点儿，不要在受到别人批评时，失去理智或者反唇相讥为自己辩解。许多事是辩解不清的，也是没有必要的，如果你一味辩解、争论，反而显得你的度量太小。但是如果你一笑而过，事情不仅会很快过去，而且还会显出你的大度。

2. 主动创造快乐

快乐是自己创造的，不是别人赠送的。快乐在自己心中，不是操纵在别人手中。

生活中到处都蕴藏着快乐的影子，工作中也是如此，不要总是说快乐难寻，其实快乐就在你身边，在你辛勤工作的汗水里，在你经历了艰辛之后获得幸福的微笑里，在你充实而劳累的每一天里。

3. 不和别人攀比

人比人，气死人。每个人都有优势，也有劣势。可是人们总喜欢拿别人的优势比自己的劣势，比来比去就越发感到自己一无是处，看不到一丁点优势，如此一来，还谈什么快乐呢？我们要看到别人的优点，也要看到自己的优点，要知道自己也是有优势的人，要充满自信，而不是自卑，一个自卑的人无论如何是快乐不起来的。

4. 关心别人

关心别人才会感到自己生命的价值和意义，一个人在关心他人的过程中才会体会到满足他人需求的幸福感，觉得自己是个有用的人，这会让自己的生活变得充实和快乐。

如果你对身边的人、事、物很关心的话，那么你对生命的

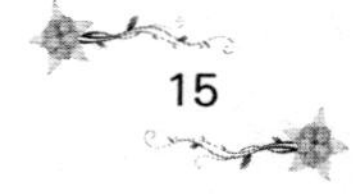

看法一定会大大地改观。一个人如果只为自己活，那么他的心胸就会变得相当狭隘，自然也就无法体会关心他人所带来的幸福和愉悦感。

在工作中创造快乐、体会快乐，以一种快乐的心态去工作，把工作快乐化，每天以快乐的心情、积极的心态去工作，就能将工作做得更好；热爱你的工作，从平凡的工作中挖掘不平凡之处，你就会发现在这个过程中自己是快乐的。

## 做一个真正快乐的人

当我们遇到困难、挫折时，要保持一种乐观向上的态度，使自己从挫折中站起来，让自己变得更坚强。胜不骄，败不馁，永远保持乐观、积极的态度，自信地面对生活、享受人生，我们的生活一定会变得更加充实、多姿多彩。

如果你只为金钱、权力、享受而活，那你只能成为生命的奴隶，决不能成为命运的主人。人可以热爱享受、热爱金钱，但绝不能因此而让生命腐化，金钱与享乐永远只是生命的调料，不能成为生命的主宰。主宰生命的应该是积极向上的精神和意志。没有创造力的生命，没有成功点缀的生命是灰暗的、

了无生气的。人活着就应该像种子一样，不畏惧任何艰难险阻，冲破泥土的阻碍发芽成长，竭尽全力争取阳光和养分，快乐地度过自己的一生。

艾丽斯是一所高中的教师，她的丈夫是一个叫加里的男人。加里在法律学校上学。在法律学校的学习过程中，加里感觉到他最初到法律学校读书的浪漫幻想与现实的差距太大了，而他也发现自己根本不喜欢那些课程，他对法律也没有真正学习的愿望，所以他转而与艾丽斯一起教书。加里的父母十分失望，特别是加里的母亲，她曾经把艾丽斯拉到一边说："你会看到，他总是半途而废。"但艾丽斯总会站在丈夫的立场上为他辩解开脱，她总认为加里是对的。

后来，加里参加了空军。艾丽斯也放弃了教书，随着丈夫在各个基地搬来搬去，接着他们有了自己的孩子。几年后，加里又十分向往农场生活，所以军队工作结束后，他和艾丽斯又搬到了中西部，在那里加里帮助双亲照看他们的小农场，他期望在父母年迈的时候进一步扩大农场的规模。

当经营农场的现实变得越来越清晰的时候，加里又开始躁动了。生活中没完没了的家务事、微薄的收入让他又有了去大

学教书的念头，幻想在大学校园里，沉浸在学术氛围之中。于是，这个已经有了两个男孩子的家庭又搬到了俄勒冈州，那里的一所大学为加里提供了奖学金，可以帮助他完成进行新尝试所必须进修的学业。

可是在三年的课程学习中，艾丽斯发现加里已经一年多没去上课了。相反，当艾丽斯上班、孩子们上学之后，加里一直往家里溜，他的老毛病又犯了。这次，他的尴尬是可以理解的。他解释说在可预见的未来，对他来说最好的计划就是待在家里，做做饭，搞搞卫生，干所有一个忙碌家庭必需的没完没了的活。而且最重要的是，孩子们放学一回家就能看见他们的父亲在家里。他发现自己当一个家庭主夫很开心。

那时加里和艾丽斯参加了一个为30岁夫妇开设的周日学校。大约一年后，有一次学校为他们安排的星期日课程的话题是婚姻中女性的角色问题。主持讨论的人读了《圣经》中的一些内容，建议女性应该待在家里，往坛子里装油、织布或是挂起橄榄枝装饰家居。这时，艾丽斯站起来做了热情洋溢的演讲，她说在《圣经》写出来的当时，也许它是有意义的。但是

现在事情完全不同以往了，女性自己也有了许多独立的观点，而且众所周知，尽管加里和艾丽斯的家庭角色已经完全颠倒了，但他们感到很快乐。对艾丽斯的观点大家报以长时间的鼓掌表示赞同与鼓励，她对大家的反应很满意。

当艾丽斯走出教室准备开始11点的工作时，一个她不怎么认识的男人走过来，把手放在她的肩膀上小声说："我很爱你，但这只是因为我应该尊敬你，你是一个十足的狗屎！"

艾丽斯张大嘴，吃惊地看着那个人，他继续说："这不是你的工作，艾丽斯，你痛恨这样的安排，而且你对加里失去了尊敬。你到底为什么故作不知呢？"

艾丽斯开始并没有反应过来，但是一瞬间，她就明白这个人说得很有道理。

难道艾丽斯真的不知道自己的心理感受吗？但是确实直到那一刻，艾丽斯才意识到自己的真实心理。她成功地掩饰了这些。在电影《疯狂乔治王》中，一个人对国王说："尊敬的陛下，您看上去是您自己。"国王乔治回答说："我一直是我自己，即使我生病的时候也是，但是现在我好像刚刚获得一种才

智，使自己看起来像我自己。”

艾丽斯和加里看上去都是他们自己。但是现在，当她真正思考这件事的时候，艾丽斯才意识到也许加里和她一样没有察觉到，也像她一样没有快乐。他们都压抑了自己痛苦得无法去回味的情感，讨论他们的心理感受可能会给他们带来意想不到的后果。那个实际上完全陌生的人一定一直特别注意艾丽斯的弦外音，她的肢体语言——倾斜的脊背，也许有些过度的骄傲神态。而正是这个人的话使艾丽丝开始面对现实。

六个月后，经过很多次的对话，艾丽斯和加里都认识到，他们虽然爱着对方，但他们并不喜欢在一起的生活，他们决定离婚。

加里回到了中西部的农场，艾丽斯和孩子们则留在了俄勒冈州。后来加里再婚，并且享受着作为一个高中教师和足球教练的乐趣。艾丽斯的事业也蒸蒸日上，而且她与一个很合得来的人在一起了。

“未经审视的生活是不值得过的生活。”这是古希腊哲学家苏格拉底提出的一个观点，对于这个观点人们也有争议。今天，这句话仍能引发我们的思考。在许多方面，可以说我们的

社会已经变成了一个没有思考的社会，人们在思考理解影响其生活的复杂现象时，通常表现出困惑和迷茫，并对不能控制这些现象而感到失落。

我们常听见人们说："生活中的一切变得如此之快，我几乎不能适应。我感觉自己的周围有许多的力量在不停地推动着我前进，而我也不知道往哪个方向走是对的。在大多数情况下，我都是处于被动的应付状态，而不是自己独立地决定自己前进的方向。我感觉自己在花很多时间把自己打扮成另外一个人，我对自己的想法和观点缺乏自信，担心人们不喜欢'真实的我'。所以，在别人面前，我只是展示给他们可以接受的形象，但那并不是真正的自我。'真实的我'是谁？是什么样的价值观念在主宰着我的生活？我甚至连自己究竟想成为一个怎样的人都没有时间去想。"是的，的确是这样，我们过着缺乏反省和思考的生活，只是简单地应付生活环境，我们的生命正在失去意义和价值，如果继续这样，我们将失去自主生存的能力。当我们缺乏反省时，我们就不会运用个人能力去深入地思考重要的问题，对我们自身和我们生活的世界做出有意义的结论。我们只是停留在生活的表面，应付没完没了的事务，在快节奏的生活中，我们永远处于忙碌的状态。事实是，我们居然

没有抽出足够的时间来认识自己，探究生命的意义，寻找属于自己真正的快乐，过自己想过的生活。

把爱好当作工作来做，快乐地赚钱，而不是把工作当作工作来做，这样你不仅赚到了钱，更赚到了快乐。这是一位成功人士的感悟，也是给我们职场人士的启示。

发现自我，创造自我，追求卓越，才是一种无止境的快乐。创造、成功，不断地追求卓越，会使你永远感受到青春活力和一种无止境的力量。这是人世间最大的快乐，这种快乐还会净化你的心境，使你越来越高尚，越来越懂得珍惜，你的精神境界也会随之不断升华。

# 痛苦与快乐只有一墙之隔

有个人家中挂了一幅与众不同的画，这幅画是在一张白纸上有一滴墨点，一位客人进来看到了，奇怪地问："你们家怎么把墨点挂在墙上，这真是美中不足啊!"

这人笑着回答："这幅画的名字叫快乐，整张白纸都写满快乐，墨点只表示一点痛苦。"

客人又问："去掉墨点，不就都变成快乐了吗？"这人说："去掉痛苦就显不出快乐了。问题是，不要让墨点遮住你的眼睛。"

正因为有了痛苦，才衬托出快乐的可贵，正因为有了快

乐，才显出痛苦的累赘。痛苦和快乐原本只是一墙之隔，关键看你的眼里看到的是痛苦还是快乐。

钱钟书先生曾对“快乐”做了一个有趣的词义分析：在法语里，喜乐是由“好”和“钟点”两字拼成，“可见好事多磨，只是个把钟头的玩意儿”。

在德语里，“沉闷”一词，据字面上直译，就是长时间的意思。也就是说，在困苦无聊的时候，时间的腿好像跛了似的，走得特别慢。

中国汉语的说法，也同样意味深长，“譬如快活或快乐的快字，就把人生一切乐事的缥缈难留极清楚地指示出来”。《西游记》里小猴子对孙行者说：“天上一日，下界一年。”这种神话，的确反映了人类的心理。天上比人间舒服欢乐，所以神仙的日子过得快，人间一年在天上只当一日过。以此类推，地狱里比人世间更痛苦，因此古人又说：“鬼言三年，人间三日。”

所以，永远快乐是根本不存在，也不可能的，于是，钱钟书有一段非常精彩的话阐释了这个道理：“‘永远快乐’这句话，不但渺茫得不能实现，并且荒谬得不能成立。快乐绝不会永久，我们说永远快乐，正好像说四方的圆形、静止的动作

同样的自相矛盾。在高兴的时候，我们的生命加添了迅速，增进了油滑……你要永久，你该向痛苦里去找。不讲别的，只要一个失眠的晚上，或者有约不来的下午，或者一节沉闷的听讲……人生的刺，就在这里，留恋着不肯快走的，偏是你所不留恋的东西。”

人人都渴望快乐，不希望自己忧愁伤心，但是却很少能有人真正得到，因为人们活着有太多的烦恼，为凡世中的种种所负累，当然也就难以时时快乐，事事快乐。

自从潘多拉的魔匣打开以后，烦恼、疾病、痛苦……一股脑儿地降临人间。我们哪一个人都不是生活在“世外桃源”，于是每个人都会受制于他所处的环境，乐天派也好，忧愁者也罢，哪个能逃脱得了所遇到的幸与不幸呢？而快乐就成了人们一种很自然的向往，于是快乐就成了人们人生最大的心愿。

我们不可能永远快乐，但是我们能够让快乐多一点儿。据说康德在其一生中，从未离开柯尼斯堡10英里以外。达尔文在环游世界以后，余生就是在他自己家里度过的。马克思在不列颠博物馆度过的时间，也占据了他一生大部分的时间。伟人们追求的快乐并不是在外人看来兴奋刺激的快乐，而是通过坚持不懈地劳动来取得伟大成就的那种深沉的快乐。这种劳动对很

多人来说是痛苦，所以“你要快乐，你该向痛苦里去找”。

也许快乐就是在平淡的点滴中寻找一种心灵的平静意境吧，但是该如何排除烦恼，寻找快乐呢？

有的人总是快乐不起来，因为他们总是抱怨生活给予他们的太少，他们爱跟自己较劲，遇上一点事就胡思乱想，给自己制造烦恼。每月工资花不到月底，心里烦恼；工作做不好，心里烦恼；年终没评上先进心里烦恼；碰上某个领导没有向他们打招呼，他们也烦恼……

有位女士就是个整天不快乐的人，她的烦恼充斥着她的整个生活。当她察觉到烦恼给自己带来高血压、心脏病时后悔不已。她想克制自己，但烦恼一来，又无法克制。后来心理学家建议她每天写20分钟日记，把消极的情绪忠实地写在日记里。心理学家还告诉她，这个日记是写给自己的，既要写出正面，也要写出反面。这样就可以把消极情绪从心里驱走，留在日记里。

后来这位女士坚持记日记，通过日记来克服自己的烦恼，遇上自己爱猜忌的事，便在日记里说服自己。

后来，她慢慢地开朗起来了，快乐也多了起来，她曾在

一篇日记里写道：“今天我在楼梯上向局长打招呼，可局长阴着脸，皱着眉头，理也没理我一声。我想他态度冷漠不是冲着我来的，八成是家里出了什么事，要不然就是挨了上级的批评。”她在日记里这么一写，心里的疑团一下子烟消云散了。

就这样她坚持写了八年日记，心理抗病功能增强了。后来她的血压正常了，心脏病也好了。

其实快乐很简单，关键看你有没有勇气向痛苦说再见，向快乐出发。乐观的人，也时常陷入情绪低潮。差别似乎在于他们已经习惯低潮情绪，他们似乎真的不在乎这些了，因为他们知道，过些时候，他们就会再度快乐起来。对他们来说，这没什么大不了的。

当我们感到难过时，不要抗拒它，试着放松，看看除了恐慌，我们是否能够保持从容与镇定。不要对抗自己的负面情绪，只要我们很从容，他们就会像落日一样消失在夜幕中。

应当以适当的角度来面对自己当前的苦恼，并明白世界总在不断地变好。只有一条路可以通往快乐，那就是停止担心超乎我们意志力之外的事。

到底什么是真正的快乐呢？有一位很出名的大师说：任何一个人都可以盖一栋房子，也许是砖头造的、也许是木屋或者

只是一堆破铜烂铁凑成的。但是这间房子不是永远的房子，因为它总有坏的一天，或是火灾、台风、地震，一下子一间高楼大厦就变成平地了；只有内心的平静才是我们真正的归宿。

## 用微笑面对人生

微笑，一个美好而温馨的词语，好似蓝天下的明媚阳光，让人心情开朗；又如绿叶上的一滴露珠，给人无限的希望。每一个发自内心的微笑都具有神奇的力量，它可以消除人与人之间的误解，可以拉近两颗心之间的距离，让幸福的感动在每一个看到微笑的人的心中荡漾。

微笑着生活，微笑着迎接生命中的每一天。不要抱怨生活给予了我们太多的磨难，不要抱怨生命中有太多的曲折，把每一次的失败都归结为一次尝试，不去自卑。把每一次的成功都想象成一种幸运，不去骄傲。就这样微笑着，从容去面对挫

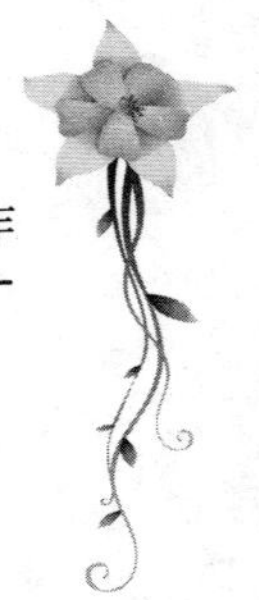

折，享受生活，享受生命中的每一天。

微笑是一种令人愉悦的表情，是一种宽容，是一种真情的流露，它可以使人与人之间心心相通。喜欢微笑的人往往更容易走进他人的内心深处。在工作中，微笑更是一把打开人气的钥匙，它可以让你拥有良好的人际关系，没有它，你的工作做得再好，也难以步入晋升的大门。

珍妮是个既没有背景，也没有技术专长的普通美国女孩。当美国两河航空公司招聘员工的时候，珍妮带着她的微笑满怀信心地走进了面试间。面试开始了，主考官却背对着珍妮说话。珍妮有几分不解，但她还是很自信、愉快地回答了所有的提问。最后，主考官转过身来，对她解释道，因为她的工作将是通过电话来完成有关预约、取消、更换或是确定飞机航班的事宜，他背对着她，并非无视她的存在，而是在体会、感觉她的声音里是否加进了微笑。结果可想而知，珍妮被录取了。而且，她在以后的工作中，通过电话，使顾客感到她的微笑一直在伴随着他们。

如果说行动比语言更有力量，那么微笑，这种无声的行动，则比有声的行动更具有力量。

微笑的力量是很大的。美国的电话公司有个项目叫“声音的威力”。在这个项目里，电话公司建议你，在接电话时要保持笑容，而你的笑容是由声音来传达的。

俄亥俄州辛辛那提一家电脑公司的经理谈到他如何为一个很难填补的缺额找到了一位适当的人选时说：

“我为了替公司找一个电脑博士几乎伤透了脑筋。最后找到一个非常合适的人选，是一位将要从普渡大学毕业的学生。几次电话交谈后，我知道还有几家公司也想让他去，而且都比我的公司大而且有名气。当他接受这份工作时，我真的非常高兴。他开始上班时，我问他，为什么放弃其他的机会而选择了我们公司？他停了一下说：‘我想是因为其他公司的经理在电话里冷冰冰的，商业味很重，那使我觉得好像只是一次生意上的往来而已。但你的声音，听起来似乎你真的希望我能够成为你们公司的一员。你可以相信，我在听电话时是笑着的。’”

不管是和相识的人还是和不相识的人在一起，一个真诚的微笑都会让人感到阳光般的温暖，因为微笑表达了你的情感，表达了你对对方的感觉，那是积极的，令人兴奋和愉快的。

当你求人帮忙时，别忘了带上你的微笑，那会让他人更愿意伸出手来帮助你；当你受到他人的恩惠时，别忘了在“谢

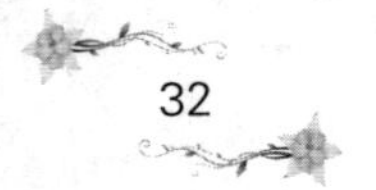

谢”之外回赠一个微笑，那会让人感到付出的满足；当你称赞别人的时候，别忘了加上微笑，那会令你的称赞更加真诚；当你被人误会时，也要微笑，因为当真相大白、水落石出之时，你的笑会使你更美。

强他人的信心；

一个善意的微笑，会化解彼此的误会；

一个真诚的微笑，会给身边的人带来温暖；

一个鼓励的微笑，会给逆境中的人以力量；

一个天使的微笑，会给世界带来无限的光明。

威廉·史坦是股票经纪人，他在给朋友的信中这样写道：“我已经结婚18年了，在这段时间里，从早上起来到上班，我很少对我太太微笑或者对她说上几句话。我是百老汇一个最闷闷不乐的人。”

当威廉·史坦明白微笑的作用后，他就决定进行一个星期的专门训练，让自己成为一个会微笑的人。因此，第二天早晨当他透过镜子看到自己满面愁容的时候，他对自己说：“你今天要把脸上的愁容一扫而空。你要微笑起来，你现在就要微笑。”当他坐下吃早餐的时候，他微笑着对太太说：“早安，

亲爱的。”他的太太说他微笑的时候，充满了慈祥和友善。

在微笑中生活，威廉·史坦还改掉了老是批评人的习惯，取而代之的是赏识和赞美他人。他开始停止谈论自己想要的是什么，更多的时候是尝试着用别人的观点来看待事物。

行动上的逐渐改变，使威廉·史坦在情感和友谊方面获得了从未有过的满足感，使自己变成了一个与过去完全不同的人，一个在精神生活方面真正愉快而富有的人。

“我喜欢一起床，就看见大家微笑的脸庞”，这样的歌词真的很棒，清晨醒来，给自己一个微笑，给家人一个微笑，给朋友一个微笑，你会发觉心情自然会好起来，即使是在阴霾的天气，也可以让一天的生活都充满阳光。而且更重要的是，快乐是可以传染的，每一个你曾对他微笑过的人会像你一样地快乐，并把快乐带给别人。

当我们身处逆境的时候，不要抱怨自己的命运不好，要在逆境中看到希望。要学会换个角度去思考，微笑着面对困难，把困难看成是对自己的挑战。这样，也就不会感到悲观失望，再大的困难也会迎刃而解。

有一个爱疑神疑鬼的男人，总是怀疑自己有病，便到医

院去检查。医生诊断后告诉他，你没有病。他不相信，非让医生给他透视照相不可。逼得医生没办法，只好给他拍了一张片子。紧跟着一位病得很重的人也进来拍片。过了两天底片冲洗出来，两个人的底片在装病例档案时不小心放错了。医生一看，大吃一惊，连声道歉：“没想到您得了癌症，我们竟没看出来，赶快用贵重药，赶快回家休息吧！”本来这个人心眼就小，疑神疑鬼，没病都怀疑自己有病，这下子就更受不了了，精神几乎崩溃，整日忧心忡忡，后来竟真的得了癌症，越来越重，没过一年就告别了人世。

而另一个人，本来就不把患病当一回事，一看底片，一切正常了，心里更轻松了，整天高高兴兴地锻炼身体，正常上下班，再过一年复查，病灶真的没有了。

后来，人们才发现底片弄错了。为什么没病的人，反而病得离开人世了呢？关键是他施加了自己“病重快不行了”的潜意识，大脑从那里接收了“不行了”这样的指令，便编制了身体各部分器官全面衰退的程序，最后自己真的就不行了。

另一个人的潜意识则编制了自己没病、自己能行的程序，身体各部分器官按照这一程序，清理了“不行”的病灶，身体便恢复

了健康。

生活是一面镜子，你对它笑，它也会对你笑。微笑着生活，微笑着把尘封的心胸敞开，放飞自己的心灵，在天空自由地飞翔，你会发现天地是那么宽广，人生是那么美好，生活中的每一天都是阳光普照。微笑着生活，活出一种尊严，活出一种力量，活出坚强的自我，不向金钱献媚，不向权势卑躬，不向命运妥协，在心如止水的状态中看红尘飞舞，潇洒高歌，让快乐伴我们一路前行。

微笑是生活的乐土，是心灵的盛宴，是快乐的温床。我们要用微笑的力量，去温暖周围的每一个人，去温暖我们走过的每一个角落，直到每一个人的脸上都溢满灿烂的阳光，直到我们走过的每个地方都留下快乐的足迹。微笑着生活的人并不是没有痛苦和眼泪，只不过他们善于将痛苦锤炼成拼搏的动力，将眼泪化作心路的明灯。

生活是美好的，只是我们在忙碌中忘记了去细细品味其中的甜美与香醇。我们要微笑着生活，微笑着迎接生命中的每一天，做一个真正快乐的人，活出精彩的自己！

# 第二章　学会休息

## 工作需要放松，是因为身体需要

中国国际亚健康学术成果研讨会公布了一组令人触目惊心的数字：目前，中国人70%属于亚健康，而其中又有70%都是脑力劳动者。亚健康的主要后果是过劳死，即过度疲劳导致猝死。

某大型医院心脏内科的统计资料显示，每年来医院就诊的数千名冠心病患者中，年轻人占到了近10%，其中99%是社会各界精英人才；患心肌梗死的年轻人大多都只有30多岁。某知名医学专家说，精英人才由于工作繁忙，容易忽视自身健康，往往等到实在撑不下去了才开始注意自己的健康。

2005年，清华大学某讲师突发心脏病死亡，年仅36岁；紧接着，该校又有一位46岁的教授患肺腺癌不治而亡。前不久，某知名集团的一名优秀员工因连续加班一个月而猝死在工作岗位上，年仅25岁。这样的例子还有很多，社会精英人物的英年早逝，多是由于劳累过度所致，“过劳死”成了生命不能承受之重。

“过劳死”的原因主要是工作时间过长、劳动强度过重、心理压力过大，从而导致筋疲力尽，身体各器官严重衰竭，出现严重的亚健康状态，此时，身体免疫力下降，许多一直潜藏着的疾病便会急速恶化，导致严重后果。

“过劳死”目前已经成为威胁人们生命的重要杀手。过去，人们认为它仅仅发生在体力劳动者身上，但是随着脑力劳动者的增多，脑力劳动者也已经成为过劳死的主要受害者。目前，就中国而言，30～50岁青壮年的过劳死事件日益增多，每年有上百万人因此离开人世。

这个数字并非耸人听闻，过劳死越来越引起世界各国的重视，日本就已经开始呼吁减轻员工的工作强度、社会变革以及由此引起的职场的激烈竞争、工作任务的繁重以及由此带来的巨大的心理压力、人际关系的复杂和矛盾等，这些都会给人

的身心造成极大的危害，久而久之，势必让人的身体无法承受而崩溃。此外，要强的个性、对物欲的无限追求也是引发过劳死的间接原因。同时，生活不讲究规律，经常熬夜、吸烟、酗酒、暴饮暴食、缺少户外活动等不良的生活方式、生活环境的污染……这一切，也都是造成过劳死的原因。

很多人为了房子、车子、票子，不顾一切地透支自己的生命。你熬夜、加班、陪客户吃喝，还不到30岁，就已经身体发福，有了将军肚，开始脱发早秃。你开始不记得熟人的名字，做事丢三落四，还经常发怒、烦躁、悲观，出现失眠、头疼、耳鸣、目眩，这些都表明你已经过度疲劳。

很多人都知道过度劳累会严重影响自己的健康，但是为了自己的幸福生活，他们以为自己年轻，得点小病不算什么，等以后事业有成，有了钱再好好注意健康，可是，那一天却不知何时能够到来。

小菊刚参加工作时，并不是特别勤奋，但是她工作出色，老板也特别欣赏她。有一次，老板带着她做方案，一直做到晚上9点多，连饭也没来得及吃。后来，小菊又累又饿，实在撑不下去了，就关了电脑想走。没想到老板生气了："你怎么能说走就走啊，也太没责任心了，活儿没干完就要走？明天再做来

得及吗？”

小菊感觉很委屈，但还是留下了。从此她一发不可收拾，工作比谁都积极、卖命。她给自己制订了苛刻的工作计划，每天来得最早，走得最晚，老板布置的每一项任务都超量完成，为此老板夸她能干，也给她涨了工资，这样她的干劲越来越大。她不再留恋电视剧和购物，如果一天不疯狂地工作她就会狠狠地责备自己。

就这样，一年多过去了，小菊已经完全适应了这种紧张的工作状态，她不再允许自己有一丝的松懈，连周末都主动来公司加班，谈了两年的男友也渐渐疏远了。可是，她觉得值得，一个拼命工作的女人才是最优秀的。

可是，渐渐地，小菊开始感觉非常疲劳、乏力，每天晚上回去不能很快入睡，总是过了午夜还没有睡意，因此她的工作效率也一天天降低，连成就感也渐渐消失。于是，她开始烦躁不安，开始担心自己会失去工作，担心自己现在的职位会被别人抢占。

不久，新的问题又来了：她的颈椎、腰椎都出现了问题，

不能久坐，不能久对电脑；胃肠功能紊乱，消化不良；心情烦躁，而且严重的失眠让她无法好好休息。最后，她不得不到医院接受治疗。

“我不知道自己到底怎么了，我觉得自己好像失去了自己。我无法让自己停下来，但我真的很累……”她说。

残酷的竞争压力，让很多人忧心忡忡，唯恐因工作松懈而丢掉了饭碗，于是让自己保持高节奏的工作、心甘情愿地加班到深夜。但是随着加班的普及，越来越多的年轻人在青春的岁月就已经熬干了自己，越来越多的人累倒在了办公室。

失去了金钱可以重新挣，可是失去了健康又有多少可以重来？

最近，一项对全国三个大城市1200位中青年健康状况的调查结果显示，60%的人有多梦、失眠症状；患有颈腰部疾病的占62%；记忆力明显衰退的占57%；脾气暴躁、忧虑者占48%。这类人大多是大公司白领，有着稳定的工作和收入，个别人职位较高，但他们都有着严重的健康问题。他们常处于超时工作、睡眠不足、压力过大、没有休闲的亚健康状态。这些人虽然有较高的职位，有日渐增多的存款，有蒸蒸日上的事业，但唯独没有健康的身体。

可以说，他们是以自己的生命为代价换取物质和名利，终会有一天会因身体过度透支，不堪重负，过早地停泊在人生的终点。

身体是革命的本钱，身体健康是做好工作的前提条件，一个身体状况不好的人即使有雄心壮志，想要做出一番事业，也只能是空中楼阁。

大多数事业有成的人都有一个强健的身体。美国的罗斯福总统，年幼时体弱多病，但他始终不忘锻炼身体，他曾经说：“我是一个体弱多病的孩子。但我后来决意要恢复我的健康，我立志要变得强健无病，并竭尽全力来做到这点。”

因此，要想在事业上有所成就，要想有朝一日做个成功者，就必须注意健康，积累足够的身体本钱。

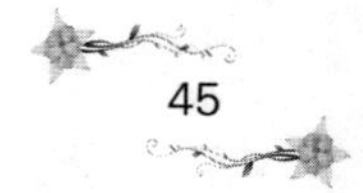



## 工作，但不要忘了生活

著名企业管理家安德森一生都在忙碌的工作中度过，他的生活却很糟糕，尤其是他的婚姻。他结过三次婚，最终皆以离婚告终，而他自己也在孤独中死去。

他一生事业有成，可谓功成名就，但是他的一生都在烦恼中度过，他以为工作和生活永远是势不两立的。他说："有时候，我能清楚地听到自己内心深处两种不同的声音在吵架，一个说，好累啊，我真的支撑不下去了，我该歇歇了。另一个却马上说，不行，我已经为此打拼了这么久，怎么能在这个时候放弃呢，我一定要更加努力地工作，让全天下的人都知道我所

**做出的成就。”于是他的一生就在这种只有工作而没有家庭的失败中度过了。**

有的人把工作当成自己的一生，从而忽视了人生的其他部分，比如人生中最重要的家庭、婚姻和友情。他们以为工作是生存的最根本保障，而家庭显然不及工作更能带给人成就感和幸福感。因此，很多人放弃了、忽视了。他们的眼里只有工作，连家也成了工作的场所，他们白天工作，晚上回到家依然工作，他们成了工作狂，成了老板最爱的人，却成了在家里最不受欢迎的人。

西方流传着这样一句话：“工作可以让一个人变成高贵的神，也可以让一个人变成卑微的小丑。”一个将满腔热忱都投入到工作中的人是一个可爱的人，是一个受人尊敬的人，他意气风发地梦想事业有成、功成名就，此时的他是高贵的神。但是在工作之外的其他生活领域，他却一下子变得卑微，因为他把大部分时间投入在工作上，因此冷落了自己的家人和朋友，他的家人和朋友也由此受到伤害，对他十分冷淡，此时他成了可怜而卑微的小丑。

在今天生活节奏加快、职场竞争激烈的时代，很多人忙得像一个永远停不下来的陀螺。他们忙得晕头转向，常常从早上出门，

晚上不知何时回家；他们将时间都投在了工作中，忙得忘了吃饭，更忘了家人的生日和朋友的邀请。每次深夜拖着疲惫的身躯回家时，他们还自我安慰说这都是为了这个家，为了生活。可是，他的家人却在心里渴望他每天能早点下班，陪陪他们。此外，他们不懂得生活和享乐，他们挣的钱不少，却不知如何去花，因为他们没有时间。于是，他们总是匆忙地购物，按照品牌挑选价格昂贵的东西，之后又匆忙地付款，匆忙地离去。

这种人将自己完全当成了为工作而生存的机器人，他们把工作当成了生活的全部，混淆了工作和生活的界限。其实，工作就是工作，生活就是生活，该拼命工作的时候一定要拼命，但是该享受生活的时候也一定要享受。比如，当你一身疲惫地下班回家，匆忙吃过饭后，又将自己投入到工作中去，中间连一句话都顾不得说，更别说听听音乐，与家人说说话了。此时你的理由便是：只有勤奋工作并时刻保持走在别人前头，才不会被淘汰，才能获得更多的利益。

是的，可是与此同时你却丢掉了更多的东西，而这些东西不是在以后的日子就可以弥补的。我们的身边经常发生这样的悲剧：不少事业有成的男人不得不痛心地接受妻子提出的离婚请求，因为这些妻子们忍受不了他们每天深夜而归，忍受不了

他们对家庭的不管不问；忍受不了他们回家后仍然忙着工作，忍受不了他们的健康出了问题仍然如此拼命，总之，是忍受不了他们是个工作狂。

这种情况也许多少令男人有些痛心，但是仔细想想，一个连自己都不关爱的人哪里会去关爱别人呢？一个连家都不顾的人，即使工作再好又有何用呢？

诚然，工作狂辛勤工作不该被全盘否定，他们如此拼命无非是希望自己和家人可以过得更好一点，但是他却忽视了工作之余的生活也是生命重要的组成部分。

工作是生活的一部分，而不是全部。工作的最终目的还是为了更好地生活，如果把工作的意义错误地理解为仅仅为工作而工作，就会让人陷入一种恶性循环状态中，无法自拔。

工作的时候努力工作，下班后、假期里好好地放松才是一个懂得生活的人最明智的做法。一个让工作占据身心的人是一个悲哀的人，一个可怜的人，一个不懂得生活的人，一个不懂得休息的人。休息是为了更好地投入接下来的工作，一个不懂得休息的人，无疑也是个不懂得工作的人。

那些心里永远被工作占据着的人应该好好反省一下，不要再忽视你的家庭、朋友和健康，超负荷工作只能加重自己身心

的负担，而将工作和生活区别开来，工作时努力工作，休息时好好放松才是上策。

有人担心不将业余时间利用到工作上便会落后于别人，其实工作和生活完全可以双赢，人们不必为了金钱、名利而让自己失去健康和爱，只要让自己保持高效的工作就可以实现这个愿望。

让工作和生活双赢才是智者的做法。

## 放下内心的坚持，别跟自己过不去

有一个平和的心态，保持一颗平常心，懂得凡事不过分为难自己，这对一个人的事业是有很大益处的。

什么是平常心呢？有人向一位禅师请教这个问题，禅师说：“平常心就是饿了就吃，困了就睡。”

“那么不平常心又作何解释呢？”禅师说：“不平常心就是该吃饭的时候不吃饭，百般折腾；该睡觉的时候不睡觉，千般计较。”

平常心就是不管遭遇什么样的艰难困苦，都能虚怀若谷、大度包容，以平和之心对待，不过分忧愁，不过分欢喜，遇到烦恼

之事懂得为自己开脱，家有喜悦之事依然让自己保持谦虚。

但是，平常心不是看破红尘，没有进取心，失去生活的热情，整日浑浑噩噩，无所事事；也不是惧怕困难，不敢向前一步，或者裹足不前，原地踏步；更不是在得失之间无法承受外界的打击，失去生活的勇气。

让自己保持一颗平常心并不困难，只要你能控制自己的欲望，不过分奢求，不过分贪婪，得到自己该得的就能心满意足，得不到也不过分苦恼，为难自己。在浮华的世界里能够让浮躁的心静下来，凡事多一分洒脱，多一分从容。放松自己的心情，让自己保持快乐的心情，这就是平常之心。

一位哲学家曾说："你不能延长生命的长度，但你可以扩展它的宽度；你不能控制风向，但你可以改变帆向；你不能控制天气，但你可以控制自己的情绪；你不可以左右环境，但你可以调整自己的心态。"

有个男孩向父亲抱怨，说他的工作非常不顺，虽然他很努力地去做，却还是不尽如人意、烦恼丛生。他觉得自己压力很大，却找不到解决的办法。他不知该如何应付，想要自暴自弃。

父亲听了他的话，没有说什么，而是带着他走到厨房里。他的父亲是位厨师。父亲拿出三口锅来，然后倒进去一些水，

把它们放在旺火上烧。等水烧开以后，他让男孩往第一只锅里放根萝卜，第二只锅里放只鸡蛋，最后一只锅里放入碾成粉末状的咖啡。男孩照做了，但是他不明白父亲想要做什么。

他问父亲，父亲却说："等会儿你就知道了。"男孩只好接着往下做。10分钟后，父亲说可以关掉火了。父亲又吩咐他把锅内的东西盛出来。于是，他把萝卜、鸡蛋和咖啡都盛入碗中。这时，父亲走过来，问他："你现在看到了什么？"

"萝卜、鸡蛋、咖啡。"他回答。

"那么，你现在用手去摸一下这根萝卜，你能明白什么？"他摸了摸，注意到萝卜变软了。父亲又让他把一只鸡蛋剥开，并问他鸡蛋是软还是硬。他回答说："当然变硬了啊。"最后，父亲让他品一下咖啡，并问他咖啡是否好喝，他笑着说很香。

做完这些之后，他的父亲走过来平静地说："这三样东西都经过同样的逆境——开水的煮沸，但它们最后的情况各不相同。萝卜入锅之前很硬、很结实，就像人一样非常强大、毫不示弱，但经过开水的煮沸之后，它变软了、变弱了；而鸡蛋

呢，它原来是易碎的、不堪一击的，就像那些胆小懦弱的人一样脆弱，它用薄薄的外壳保护着容易流失的内脏，但是经开水一煮，它的内脏变硬了；而咖啡，在进入沸水之前，它们是粉状的，但是在进入水中之后，它们跟水融合，变成了咖啡，它改变了水。这三样东西其实就跟人一样，你觉得你是哪个呢？”

当遭遇逆境时，你是学萝卜、鸡蛋还是咖啡？你是屈服地变软，还是坚强起来，或是依靠自己去改变环境？你怎么做，取决于你对生活的态度——是否有一颗平常心。如果你不能正视那些不利的方面，你就很难做到摆正自己的心态，让自己做出成绩来。

要以平常心对待那些失落、打击和不快，要懂得这才是真正的生活，这才是富有意义的生活。

在职场中保持一颗平常心非常重要，职场如战场，这里有激烈的竞争，残酷的杀戮，我们会遍体鳞伤，会遭遇各种各样难以预料的打击和危险，这时保持平常心对于缓解我们的压力来说就显得尤为重要。

有一个女孩，大学毕业后，凭借自身的努力到一所学校做了一名普通的教师。当时她之所以选择教师是因为人们都说这

份工作轻松，待遇也不错。于是她满怀热情、豪情万丈，立志做一个受人爱戴的好老师，在教师岗位上做出一番成绩来。

可是几年下来，她发现教师工作并不是她所想象得那样简单，她整天起早贪黑，却还要受各种气——学生的调皮、家长的不理解、领导的压力。她一直是个争强好胜的人，因此总是力求将工作做得更好。但是一年下来她感到很累，工作得不到认可，她看不到工作的意义何在。渐渐地，她开始失眠，记忆力下降，精神不集中，她不知道自己怎么了，似乎找不到人生的坐标和意义，像顶着一块巨石在生活。那些来自工作、感情和家庭的种种压力令她无法呼吸，无法快乐起来，她整日忧心忡忡，不知道将来的生活会怎样。

后来，她碰到一个高中同学，那位同学在一家大公司工作，每月拿上万元工资，她不禁羡慕地说："你的工作多好啊，待遇这么好。"谁知，这个同学却苦笑着说："你看看我的脸色，都憔悴成什么样子了。我已经有一个月没有休息了，我这一个月住在公司，每天都工作到深夜。我们单位里已经有一个人累得病倒了，这工作简直不是人干的。"

女孩怔住了，她没想到这个一直以来令她羡慕的工作也有人不满意。终于，她明白了，原来世界上没有一个工作是既轻松又可以挣很多钱的，所有的工作都是辛苦的，关键是自己以一个什么样的心态对待。

在职场中会遇到各种困难，有工作中的，也有人际关系上的，更有来自自身的压力和烦恼，这些都是难以避免的，我们所要做的就是如何在这种情况下让自己保持快乐的心情。要学会事事随缘，不要过分勉强自己去做无法做到的事，不要逼迫自己去实现无法达到的目标；要学着为自己开脱，这样才能保持心理健康，才能把工作做好。

有人视工作为乐趣，也有人视工作为苦役。有人把公司当成天堂，有人把公司当成地狱。其实公司只是一个工作的场所而已，它本身没有任何善恶之分，只是人们给它赋予了某些意义。如果你能心态平和，那么公司就是天堂；相反，它就是地狱。

最重要的事是将工作做好，而不是计较其他的细枝末节。有的人之所以总是苦恼，是因为他一直在乎很多无关紧要的东西，让这些小事浪费了自己的精力。这样一来，不仅工作没做好，反而还让自己心情郁闷。

保持平常心，就要凡事不勉强自己，要尽力去做，但是对

尽力之后仍无法做成的事就不要再苦苦求索、拼死拼活了。有的人在工作出现困难、人际关系紧张的时候总是苦恼万分，无法让自己心平气和，这种心态对一个人的事业是不利的。工作中出现困难、矛盾是常事，我们无法左右别人的想法，但是我们可以左右自己的心态。凡事往好处想，保持宽容之心，不要过分要求别人、苛责别人，这样就能平和得多。

许多事不是别人为难你，而是你自己为难自己。对自己要求过高，凡事要求完美，只能令自己活得很累。我们不能只拿自己的短处比别人的长处，要看到自己的优势；也要看到别人的不足，这样才能平衡自己的心理，让自己产生自信。

以一颗平常心对待工作，就要积极主动地完成自己的任务，和老板、同事之间和平相处，多学习别人的长处，弥补自己的不足，保持乐观心境，积极进取，如此，才能走向成功。

## 别将身体的弦绷得太紧

有一位公司经理，他事业有成，家庭幸福，可他就是不快乐。因为他总是觉得有很大的压力，这种压力让他精神紧张，睡眠成了最严重的问题。有一次他吃了安眠药后仍然睡不着，只好起床打开电脑继续白天的工作。

最可怕的是，他早上从家开车一个小时到公司，直到坐到办公室位子上，却想不起自己究竟是如何把车开到公司的，途经什么路线更是忘得干干净净。他的脑子里一片空白。

同时，他患有严重的多疑症和自大症。他平时对员工和和气气，但是如果员工不小心说错了话、办错了事，他就会疑心

是在抨击他，便会马上对其进行一番责骂，使其颜面扫地。有一次，一个员工向他提了一个建议，他就以为对方是在向他挑衅，便马上对其当面指责，言辞与平时判若两人，像发了疯一样，声嘶力竭地吼叫。

最后，他不得不放弃工作，接受心理医生的治疗。心理医生对他的诊断是，由于工作压力过大，导致了神经失常。

压力过大不仅是领导阶层出现的现象，作为职场最底层的员工也是压力重重。他们不仅要承担繁重的工作任务，还要协调好各种关系，拼命工作以保住饭碗。因此，他们有来自于工作任务的压力，有来自于领导施加的压力，有来自家庭生存和稳定的压力，有来自社会舆论的压力，还有来自自我认可的压力。

压力已经如同洪水泛滥，遍布整个职场，它毫不留情地向每个人袭来，直接威胁职场人的健康。

人们在满足了物质的基本所需后，对精神层次的追求就会逐渐提高，在这个过程中便产生了精神得不到满足而引发的心理疾病，这就是压力。

过重的压力，让人们的身心开始无法承受，于是便产生了下列问题：紧张、焦虑、烦躁、情绪低落、记忆力下降、反应能力迟钝。甚至有时还出现了严重的征兆：头痛、头晕、食欲

不振、身体乏力、腹胀、便秘、腹泻、血压升高等。

芝加哥西北铁路公司前总裁罗兰·威廉姆斯是个典型的工作狂，他每天埋头工作，处理没完没了的计划、报告。人们很少看到他的笑脸，每天他都是一副紧皱眉头的痛苦样子。

很快，他的心脏出现了问题，他来到一家医院咨询自己的病情。

他告诉医生自己觉得很累，但是又无法让自己停下来好好休息。他说，在他的办公室有三张大桌子，每天这些桌子上都堆满了需要处理的文件，所以他必须让自己时刻保持忙碌，以使公司正常运转，可是尽管他已经很忙碌，还是感觉工作多得永远无法做完。

医生告诉他：清理办公桌，然后每天处理当天的工作即可，明天的事自然要等到明天去做。回去后，他按照医生的吩咐去做，果然不久，他就开始感到自己的压力小了很多，而他的公司还照样运转。

没过多久，罗兰·威廉姆斯就完全恢复了健康，笑容也开始在他脸上显现。最后，他深有感触地说："工作永远都做不完，但是记住只要做好当天的工作即可，一个人的承受能力有

限，不要指望自己在短时间内完成所有的工作。”

媒体有过一个关于白领阶层健康状况的调查，结果显示，白领患有办公室综合征的人越来越多，沉重的工作压力让他们身心都出现了问题。有的患者有严重的头痛、失眠、多梦的症状，有的患有颈椎疼痛、胃病等。

压力正在逐渐吞噬着白领们的身心健康，他们处于职业竞争空前激烈的年代，在人才多如牛毛的职场中他们拼命地维护属于自己的一席之地，压力也就随之而来。他们容易疲劳，记忆力减退，心情烦躁，一到办公室就感觉厌烦，打不起精神。有关专家表示，这种状况除了跟过大的精神压力有关外，还跟写字楼里密闭的工作环境有关。白领们由于整天在室内工作，很少外出活动，因而很难呼吸到新鲜空气以缓解大脑的疲劳和神经的紧张，时间一长，自然就会产生心理上的病症。

因此，如何驾驭工作压力这匹烈马便成了一个人事业成败的关键所在，我们首先要知道压力产生的根源。

产生压力的原因除了紧张而繁重的工作外，还有来自人际关系上的紧张以及对前途的迷茫。对待工作，我们要懂得让自己保持弹性，懂得劳逸结合，要尽力而为，而不是透支自己的健康。

失败的时候不气馁，要知道失败乃人生常事，没有失败的人生是不完美的人生；对待不完美的人际关系要懂得让自己保持一颗平常心，不以物喜，不以己悲，要随时原谅伤害你的人，并学会调节自己的情绪，让自己保持平和的心态。比如，你被老板批评了之后，不要急着与其理论，而要学会忍耐，实在无法压抑胸中之气时，可以找个地方大声吼几声，就像平时他对你那样。这样既避免了正面冲突，也调节了自己的心情。但是切忌一味地压抑，产生巨大的精神压力，影响了工作和生活。

你还可以采取以下这些方法消除压力：找个朋友倾诉、外出旅游、爬山、看一场电影、读一本书、主动帮助别人……

有了压力，切忌一味地压抑自己，将不良情绪憋在心里，这样天长日久势必影响到自己的身心健康。要学着释放压力，让自己紧张的身心得到充分的休息，调整身心，准备下一次的冲刺。

我们都不是圣人，也不是神仙，我们是平凡而简单的肉体凡身，于是我们便有了种种烦恼和随之而来的压力。压力不是我们所渴望拥有的，但是要明白人生没有压力是不可能的，正如没有月缺的月亮是不存在的一样。压力对人产生负面影响，但在某种程度上也能敦促我们坚持不懈地向前，关键就看你如

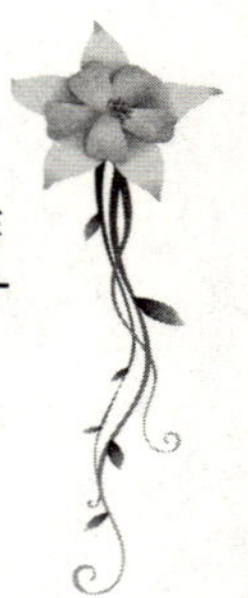

何对待。

变压力为动力才是去除压力的最好办法。

# 学会休息

当前中国正处在一个快速发展的阶段，竞争也日趋激烈。对大部分人来说，一面是工作和事业，另一面是生活和娱乐，如何选择？于是，很多人选择了前者，放弃了后者。然而，我们需要清楚地知道，休息是为了更好地工作，只有休息好，我们才有精力发展我们的事业，实现我们的梦想！只工作却不休息的人，很难到达成功的顶峰。

毋庸置疑，任何伟大的成就都离不开个人不懈地拼搏和努力，那些沉迷于游玩的人最后常常是两手空空。

在这里，我想向大家说明的是，一个人的成功，必定是在

努力工作和放松休息之间做出了很好的平衡。

工作是为了什么？是为了更好地实现我们的价值，更好地享受生活！那些只知道学习和工作的人，充其量只是一个书呆子、工作狂，而无法体会任何学习和工作以外的乐趣。如果因为工作而搞垮了身体，那么我们也就失去了工作的本来意义。

辛苦工作后的适度休息，是对身心的一种调节，有利于恢复我们体力、精力、精神，使我们在下一阶段更好地投入工作，有更好的精神状态来迎接工作的挑战。正所谓身体是革命的本钱，生活中，一台机器运转久了，需要添加润滑油，需要轮流运转与停歇，否则很容易报废。人也是一样的，劳逸结合，才是最好的生存状态。

所以，当你的头脑已经不再清醒，当你的眼皮已经在上下打架，当你的工作变得棘手而无法想出解决方案的时候，不要继续做无用功了。站起来，休息一会儿，到外面走一走，哼一首小曲，给自己紧张的神经带来一份小小的放松。

那些有着伟大成就之人，毋庸置疑，他们对工作对自己的事业有着严谨的态度，有着一丝不苟的精神，但是与此同时，他们也是懂得休息之人。一个人若是如弹簧般一直工作，向前拉伸，而不知道休息，不知收缩，弹簧最终也会报废！因为弹

簧也是有伸展限度的！

学会快乐工作，快乐生活，不要让工作成为我们身体的负担。在工作之余学会休息，快乐工作和愉悦生活是我们人生的追求。

在当今中国引发社会关注和白领群体性恐慌的“过劳死”一次又一次地发生：华为工程师胡新宇死亡事件；中金25岁研究助理猝死事件；普华永道25岁女硕士过劳死等，从这些让人痛惜的事件背后，我们应该懂得在紧张的工作面前，要学会休息，学会给自己疲惫的身体一个舒展的时间。

除了工作，生活中很多人也总是让那些琐碎而不重要的东西占满自己的时间，让本来就很紧张的生活变得更加急躁头疼，让人变得不快乐！

我们总是在想，等事业有所成就的时候，我们再好好出去玩一回；等孩子大一点的时候，再去学习驾照；等手里再富裕一些的时候，再把父母接来玩玩……

时间一天天地过去了，我们在慢慢变老，属于我们的日子越来越少，而我们曾经许下的愿望却越来越多，我们真的还有那么多时间完成这些心愿吗？

多听听自己内心的声音，追随内心的意愿来生活，不要老

是说等到以后，我们没有那么多的以后，以后发生什么还未可知，我们需要把握的是现在，是当下的每分每秒。

所以，从现在开始，从此刻开始，学会享受生活，放松自己一直以来紧张的神经，让自己像拼命工作那样能够有充分休息的时间。在这样的时刻，我们可以尽情地做我们喜欢做的事情！

泰戈尔曾经说过："休息是为了更好地工作，就像眼睑对眼睛起到保护作用一样。"

休息不一定是在家里蒙上被子睡大觉，很多休息的方式对我们的身心调节都非常有益。

第一，清理生活环境和工作环境。混乱的环境会给人造成失控的感觉，让人心情烦躁。工作累了的间隙，可以小小清理一下自己的办公桌，或是周末在家来一次大扫除，让我们的工作和生活环境井然有序，这样能够很好地调节我们的心情，帮助我们远离压力的困扰。我们还可以在清扫的时候，放上一些欢乐、奔放的音乐，这样的放松方式岂不是一种享受？

第二，进行科学健身。一是多进行一些有氧运动，有氧运动能够使我们的身体运转更加顺畅，如跑步、打球、打拳、骑车、爬山等。二是腹式呼吸，全身放松后深呼吸，鼓足腹部，憋一会儿再慢慢呼出；三是做保健操；四是点穴按摩。

第三，远离忧虑。如果感觉自己心理疲劳，过于担心一件事情，试着去找出事情的原因，求得解脱。如果无法摆脱内心的忧虑，试着把它写下来，认真分析下这件事情发生的可能性有多大。有研究发现，我们所担心的事有90%都不会发生。

第四，偶尔给自己放天假。去一个自己心仪已久的地方，看看山，看看水，吃农家饭，在风景宜人的小路上悠哉一番。假设没有这样的条件，你也可以在你所在的城市选择一条你从未走过的街道，把它走完，相信在这一路上，你会发现很多以前你没有发现的东西。或许，你会聆听到早晨雨珠的滚动声，看到天空中飞舞的美丽的蝴蝶，听到孩子们玩耍时天真的欢闹声……一切的一切都是那么温馨，而以前在忙碌的工作时间，你或许从未在意也从没体验过这样的暖意。

第五，拿出你买了好久的漫画书，坐在窗前，在暖暖的阳光下翻上一番，体验一下童真的乐趣。

第六，放上一段你喜欢的音乐，音乐可以有效调节我们的情绪，很容易使人产生共鸣，就像拉尔夫·瓦尔多·爱默生所说："音乐让我们远离世俗，并且不断地在耳边提醒着那些令人吃惊的隐晦秘密：我们是谁，为什么来到人世，从何处来，到何处去。"

当今时代是一个快速发展的时代：速度至上，致富要快，爱情要快，出名要快，每个人的心中都是有一个声音在催促着，喊叫着“快快快”，它像地主般驱使着我们卖力工作，努力赚钱！

我们忙啊忙，忙得忘记了自己，更忘记了休息。给自己点时间，听听自己内心深处的呼唤。生活中很多人总是抱怨，抱怨身不由己。工作了没有自己的时间；孩子还小，一切需要自己，没有自己的时间。然而，真的没有吗？还是你不想去做改变。良好的心态是人生快乐的秘诀。以一颗善感的快乐的心灵去体验世界，便没有什么能够让我们愤怒，让我们抑郁，让我们在紧张的生活中丢掉自己！

合理地调整好自己工作和生活，无论工作多忙，我们都应拿出属于我们自己的时间来休息，来享受生活的美好，看一看窗外的夕阳，看一看嬉闹的孩子。也静下心来，做真实的自己。

不会休息的人也定然不会更好地工作。可是社会的宣扬，让我们早就将之忘却脑后。鞠躬尽瘁、死而后已，加班加点、忘我工作，这样才是大家心目中的好员工、好榜样。这样的舆论导向使得人们不注意自己的健康。于是，人们努力工作，忙忙碌碌。要知道，工作并非我们生活的全部，工作是为了更好

地生活。我们应该做工作的主人，做自己的主人，而非工作的奴隶。

# 第三章　懂得放弃

## 懂得放弃是一种智慧

懂得放下其实是一种境界，一种修养。没有太多纷扰和欲望的捆绑，人就会活得更加简单，更加洒脱，更加自由。

两个和尚一起到山下化斋，途经一条小河。两个和尚正要过河，忽然看见一个妇人站在河边发愣，原来妇人不知河的深浅，不敢轻易过河。一个年纪较大的和尚立刻上前去，把那个妇人背过了河。两个和尚继续赶路，可是在路上，那个年纪较大的和尚一直被另一个和尚抱怨，说作为一个出家人，怎么能背妇人过河，又说了一些不好听的言语。年纪较大的和尚一直沉默着，最后他对另一个和尚说:“你之所以到现在还喋喋不

休，是因为你一直都没有在心中放下这件事，而我在放下妇人之后，同时也把这件事放下了，所以才不会像你一样烦恼。”

放下是一种觉悟，更是一种心灵的自由。其实，生活原本是有许多快乐的，只是我辈常常自寻烦恼，“空添许多愁”。许多事业有成的人常常有这样的感慨：事业小有成就，但心里空空的，好像拥有很多，又好像什么都没有。总是想成功后坐豪华游轮去环游世界，尽情享受一番。但真的成功了，却又没有时间、没有心情去了却心愿。因为还有许多事情让人放不下……

对此，台湾作家吴淡如说得好：“好像要到某种年纪，在拥有某些东西之后，你才能够悟到你建构的人生像一栋华美的大厦，但只有外壳，里面水管失修、配备不足、墙壁剥落，又很难找出原因来整修，除非你把整栋房子拆掉，但你又舍不得拆掉。那是一生的心血，拆掉了，所有的人会不知道你是谁，你也很可能会不知道自己是谁。”

很多时候，我们舍不得放弃一个放弃之后并不会失去什么的工作，舍不得放弃对权力与金钱的追逐……于是，我们只能用生命作为代价，透支健康与年华。但谁能算得出，在得到一些自己认为珍贵的东西时，有多少和生命休戚相关的美丽像沙子一样从手掌间

溜走？而我们却很少去思忖：掌中所握的生命的沙子的数量是有限的，一旦失去，便再也挥不回来。

人总喜欢给自己加上负荷，不肯轻易放下，自认为执着。执着于名与利，执着于充满空想的追求。数年时光逝去，才惊叹人生的无为与空虚。庄子云:“人生如白驹过隙。”哲人的结论难道不能使人受些启迪吗？我辈何不提得起，放得下，想得开，做个快乐的自由人呢?

放下，是一种超然的境界。放得下，是为了能拿得起。放下，是一种心态的选择，是一门心灵的学问，是一种生活的智慧。懂得放下，你将解脱烦恼，享受自在人生；学会放下，你将快乐淡定。

佛说，放下，便得自在。放下是人生的大境界，是一种超然、一种解脱。很多事情的混沌与开窍，往往就在一瞬间，或是心中的负累，或是外物的干扰。“世上本无事，庸人自扰之。”当一切如白驹过隙，如过眼烟云，你总会在一刹那，思想如电光石火般醍醐灌顶。于是，放下，就成了一种境界。

人生赢在勇于放下。拿得起又放得下，才是真正无怨无悔的人生。一个人总会遇到很多难以诉说的烦恼，或生活，或事业，或感情；也总会遇到顺逆之境、进退之间的各种情形与变

故，此时，不要让身外之物牵绊我们的身心，该放下的一定要放下。

人们常说："拿得起，放得下。"其实，所谓拿得起，指的是人在踌躇满志时的心态；而放得下，则是指人在遭受挫折、遇到困难及无奈时应采取的态度。放下，并不是要你身如枯树、心如枯井、万念俱灰、百事莫为，而是要你睁开心灵的眼睛，珍惜心里最美好的东西，舍弃一切偏执的心外之物。因为人生如舟，负载过多、过重，不沉船也难免要搁浅。放得下，是为了能拿得起。当你为生活的种种烦恼感到困惑、承受压力时，给你的生活开一扇窗，试着放下那些芜杂与纷繁，放下所有的负担，你将会活得旷达洒脱。在人生的旅途中，达到放下一切外物、不为纷扰所动的境界，人自然就轻松无比，看世界则天蓝海碧、山清水秀、风和日丽、月明星朗。放下，是美好生活的必需。

在日常生活中，对不用之物的处理往往体现出一个人的思维方式。随着人们生活水平的提高，物尽其用的概念已经陈旧。现在，家家都有不少已被替代但并未完全丧失功能的物品，有些人家舍不得丢弃，日积月累，无用之物越积越多，等到堆放不下了，只能惋惜地集中扔掉，并在疲劳的同时慨叹着

“早知今日，何必当初”。

有些人随时淘汰那些不再需要的东西，省去了集中处理的精力，平时家中也显得简洁明快。其实人生又何尝不是如此，即便过着平凡的日子，也依然会不断地积累，大到人生感悟，小到一张名片，都是从无到有，积少成多。无论你的名誉、地位、财富、亲情，还是你的烦恼、忧愁，都有很多是该弃而未弃或该储存而未储存的。人类本身就有喜新厌旧的癖好，都喜欢焕然一新的感觉，不学会放弃是无纶如何也无法焕然一新的。学会放弃也就成了一种境界，大弃大得，小弃小得，不弃不得。

有一个聪明的年轻人，他很想在一切方面都比身边的人强，他尤其想成为一名大学问家。可是，许多年过去了，他其他方面都不错，学业却没有长进。他很苦恼，就去向一个大师求教。

大师说:“我们登山吧，到山顶你就知道该如何做了。”

那山上有许多晶莹的小石头，煞是迷人。每见到他喜欢的石头，大师就让他装进袋子里背着，很快，他就吃不消了。“大师，再背，别说到山顶了，恐怕连动也不能动了。”他疑

惑地望着大师。大师微微一笑:“该放下，不放下背着石头咋能登山呢?”

年轻人一愣，忽觉心中一亮，向大师道谢走了。之后，他一心做学问，进步飞快。其实，人要有所得必有所失，只有学会放弃，才有可能登上人生的高峰。

放弃，虽然意味着某种失去，意味着难言的割舍，放弃也会给我们带来伤感和愁绪，但是，放弃也正是为了前方路上更美的相遇，为了明天更加宝贵的撷取。

人生的现阶段，你要想生活得轻松，就要学会放弃。为了以后的幸福，为了以后的事业，放一放手，前方的风景更迷人。

# 放下是一种美

生命如旅行，若蜗牛负重，何以轻松上阵？唯有抛却肩头挂碍，才能走得步履轻快。所以，放下是智慧之举，是智者生存的至上境界，人若肯把浮名换作浅吟低唱，便可摆脱一切芜杂烦赘，人生得以升华！

选择是一种幸运，放下也是一种收获。之所以举步维艰，是因为负重太多；之所以背负太重，是因为还不会放弃。功名利禄常会向你微笑却也会置人于死地。泰戈尔说："当鸟翼系上黄金时，它就飞不远了。"学会放下，才得以卸下各色包袱；懂得放下，才不至于以卵击石，更能出奇制胜，人生的步

伐会更坦然，更坚定，生活也会更充盈。放下忧愁，放下名利，人生更豁达。

山脚下有一个繁华的庄园，一日，有一个懂气候、气象学的人说当日晌午会有山崩发生！于是整个庄园沸腾了。人们于慌乱中打点着各自的金银细软，力争在山崩前多带走一些。

贪财的庄主已经装满了整整一车的财宝，眼望着剩余的这些珠宝，他又怎舍得拱手丢弃呢？于是继续锲而不舍地搬运。

忠厚的管家说：“庄主，远处已传来隆隆的山响，该放下的放下，否则一切都来不及了，那时恐怕一无所有！”

“再装一些。”声音越来越近了，庄主仍没有放弃的意思，管家再三劝说：“庄主，只要您在，一切都会有的，可眼下我们必须放下一些！”庄主仍在执拗，并一气之下将管家打发走了。

就在管家刚刚离去的时候，一声巨大的山响，顷刻间将庄园吞入火海，化为乌有。

管家回来后，望着眼前的一切，不觉含泪摇头：“为什么就放不下呢？”

放下对于每一个人来说，都夹杂着痛苦，因为放下意味着

不再拥有；但是不会放下，想拥有一切，最终你一无所有，这正是生命的无奈之处。生活给予我们每个人一座丰富的宝库，应该放下的毋须再选择，否则生命将难以承受之重。不是所有的放下都体现怯懦，“失之东隅，收之桑榆”。多一些对身外之物的旷达，体会与世界一样博大的胸襟，懂得适时地放下，正是内心平衡、获得快乐的灵丹妙药。

所以聪明的人会适时放下，懂得做出必要的牺牲，并知道什么是真正的超脱！生命给了人们无尽的无奈，也把答案的选择空间留给更多的人。于是，安守一种放下，固守一分超脱！无论红尘世俗如何变迁，无论到手的以及虔心索取的如何变幻莫测，更不管握在手中的东西轻重如何，即便放下是一种逃避也要勇敢去面对！

人要有所得必要有所失，只有学会放弃，才有可能登上人生的极致高峰。我们很多时候羡慕在天空中自由自在飞翔的鸟儿。人，其实也该像这鸟儿一样无拘无束，无羁无绊。这才是鸟儿应有的生活，才是人类应有的生活。然而，这世上终还有一些鸟儿，因为忍受不了饥饿、干渴、孤独乃至于爱情的诱惑，从而成为笼中鸟，永永远远地失去了自由，成为人类的玩物。与人类相比，鸟儿面对的诱惑要简单得多。而人类，

却要面对来自红尘之中的种种诱惑。于是，人们往往在这些诱惑中迷失了自己，从而跌入了欲望的深渊，把自己装入了一个个打造精致的功名利禄的金丝笼里。这是鸟儿的悲哀，也是人类的悲哀。然而更为悲哀的是，鸟儿被囚禁于笼中，被人玩弄于股掌之间，仍欢呼雀跃，放声高歌，甚至于呢喃学语，博人欢心；而人类置身于功名利禄的包围中，仍自鸣得意，唯我独尊。这应该说是一种更深层次的悲哀。

放下某个心仪已久却无缘分的朋友，放下某种投入却无收获的前程，放下某种不切实际的心灵期望，放下某段曾刻骨铭心的恋情。这一切都不妨碍我们重新捡拾人生，在新的时空内将生命的乐章重听一遍，将往事再说一遍！从而实现真正的放下，这是一种超脱精神，它因感伤而美丽，因痛苦而壮观！

## 放弃并不是失败

放弃那些不切实际的幻想是一种选择，但是放弃并不是一件容易的事。当我们以一种平静的心情来对待它时，相信我们不但能顺利地实现自己的目标，而且能使我们在追求时更加轻松。我们说放弃，并不是让你放弃追求，而是坚守理想，追求你选择的人生。但是，要能进能退，你不能在面对任何事情的时候，都不舍得放弃，或许你认为放弃就代表着失败，那么这种想法会带你走上一条越走越窄的路。

有一位年轻人从学校毕业后来到美国西部求职，他想当一名新闻记者，但人生地不熟，一直没有找到合适的工作。他想

起了大作家马克·吐温，于是，他想求助于马克·吐温。年轻人给马克·吐温写了一封信，说明了自己的情况。

马克·吐温收到信后，给年轻人回信说：“如果你能按照我的办法去做，你肯定能求到一席之地。你可以先到你喜欢的那家报社，告诉他们你现在不需要薪水，只是想找到一份工作，而且会在报社好好干。一般情况下，报社不会拒绝一个不要薪水的求职人员，你在获得工作以后，就要努力去干。把采写到的新闻给他们看，然后发表出来，这样，你的名字和业绩就会慢慢被别人知道。如果你很出色，那么，不久就会有人聘用你。这时，你就可以到主管那儿和他谈谈，说你非常愿意留在那里工作，当然如果能得到报酬的话。对于报社来说，他们是不会轻易放弃一个有经验又熟悉单位业务的工作人员的。”

年轻人虽然怀疑这样的做法，但还是决定照着马克·吐温的办法去试一试。不久，他得到了一份没有薪酬的工作。几个月后，他就接到了其他报社的聘任书，这时他的主管也愿意支付高薪来挽留他了。

选择坦言失败要有相当的勇气，而很多人都是随意就把它放弃了。

坦言失败的前提，是需要有光明磊落的胸襟和正视自我的勇气；而善待失败应是对自己失败的原因有所了解和发现，从而才有可靠的举措成竹在胸，这样，就不会重蹈失败的覆辙。而这样的既敢“坦言”又能“善待”的“失败”，才会成为“成功之母”。

在这个世界上，创造出奇迹的人，凭借的都不是最初的那点勇气，但是只要把最初那点微不足道的勇气保留到底，任何人都会创造奇迹。

1983年，伯森·汉姆徒手攀壁，登上纽约帝国大厦，在创造了吉尼斯纪录的同时，也赢得了“蜘蛛人”的称号。

美国恐高症康复联席会得知这一消息，致电“蜘蛛人”汉姆，打算聘请他担任康复协会的顾问。

伯森·汉姆接到聘书，打电话给联席会主席诺曼斯，要他查一查第1042号会员，这位会员很快被查了出来，他的名字叫伯森·汉姆。原来他们要聘作顾问的这位“蜘蛛人”，本身就是一位恐高症患者。

诺曼斯对此大为惊讶。一个站在一楼阳台上都心跳加快的人，竟然能徒手攀上四百多米高的大楼，他决定亲自去拜访一下伯

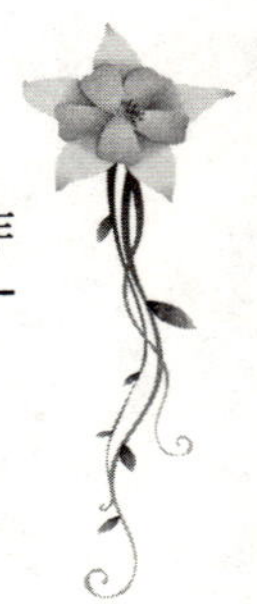

森·汉姆。

诺曼斯来到费城郊外伯森的住所。这儿正在举行一个庆祝会，十几名记者正围着一位老太太拍照采访。

原来伯森·汉姆94岁的曾祖母听说汉姆创造了吉尼斯世界纪录，特意从一百公里外的慕拉斯堡罗徒步赶来，她想以这一行动，为汉姆的纪录添彩。

谁知这一异想天开的做法，无意间竟创造了一个耄耋老人徒步百里的世界纪录。

《纽约时报》的一位记者问她，当你打算徒步而来的时候，你是否因年龄关系而动摇过？

老太太精神矍铄说："小伙子，打算一口气跑一百公里也许需要勇气，但是走一步路是不需要勇气的，只要你走一步，接着再走一步，然后一步再一步，一百公里也就走完了。"

恐高症康复联席会主席诺曼斯站在一旁，一下明白了伯森·汉姆登上帝国大厦的奥秘，原来他有向上攀登一步的勇气。

我们所说的放弃，不是轻言放弃，不是说在你遇到困难时就选择逃避，这不是解决问题的办法。放弃是相对的，有时候它是一种明智的选择，你要明白何时需要放弃，以及如何放

弃。这样，你便会远离生活中的一些烦恼，真正洒脱地生活。从小就有很多人教育我们不要轻言放弃，要学会坚持。但是，坚持的前提必须有意义，如果你坚持的是一件没有任何意义的事情，甚至这件事情会给别人造成伤害，那么放弃就是最好的选择，比如放弃你追求的一些不切实际的东西、一些坏习惯或者继续做着没有任何价值的事情。

具备了使命感，就知道自己在做什么以及这样做的意义。而要完成自己的使命，就必须付诸坚持不懈的努力。古今中外，所有伟大成就的创造者，都是对自己所从事的事业坚持不懈，永不放弃的。

1968年墨西哥奥运会比赛中，最后跑完马拉松的一位选手是来自非洲坦桑尼亚的约翰·亚卡威。他在赛跑中不慎跌倒了，拖着摔伤且流血的腿，一瘸一拐地跑着。所有选手都跑完全程后很久了，直到当晚7：30，约翰最后一个人跑到终点。这时看台上只剩下不到1000名观众，当他跑完全程的时候，全体观众起立为他鼓掌欢呼。之后有人问他：“为何你不放弃比赛呢？”他回答道：“国家派给我由非洲绕行了3000多公里来此比赛，不是仅为起跑而已，乃是要完成整个赛程”。

他肩负着国家赋予的使命来参加比赛，虽然拿不到冠军，

但是强烈的使命感使他不允许自己当逃兵。

成功的人之所成功，因为他们具有共同的品格，那就是坚持到底，永不放弃。

英国首相丘吉尔在第二次世界大战后，功成身退的他被应邀在剑桥大学毕业典礼上发表演讲。这次演讲是演讲史上的经典案例，也是丘吉尔最脍炙人口的一次演讲。丘吉尔走上讲台，只见他两手抓住讲台，注视着观众，在沉默了两分钟后，他开口说："永远，永远，永远不要放弃！"

接着，丘吉尔又是长长的沉默，然后又一次强调："永远，永远，不要放弃！"

最后，丘吉尔在再度注视观众片刻后回座。场下的人这才明白过来，紧接着便是雷鸣般的掌声。

丘吉尔的演讲，简洁，明了，但又非常有力地讲述了他一生的成功秘诀。秘诀就是坚持到底，永不放弃。

丘吉尔用他一生的成功经验告诉我们成功根本没有秘诀，如果有的话，就只是两个，第一个是坚持到底，永不放弃；第二个就是当你想放弃的时候，请回过头来照着第一个秘诀去做，坚持到底，永不放弃。

在生命过程中，我们经常要获取一些东西，并且放弃一些

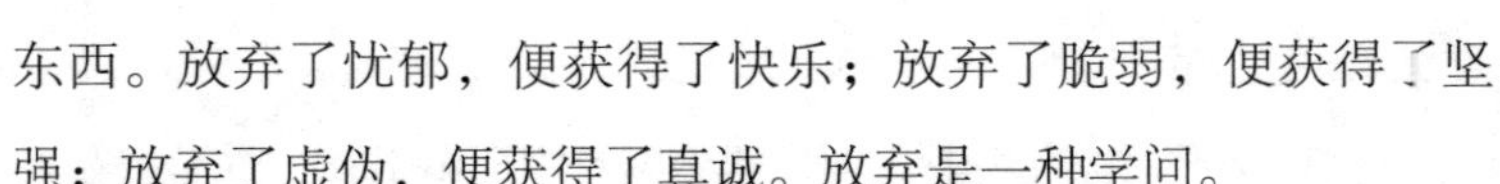

东西。放弃了忧郁，便获得了快乐；放弃了脆弱，便获得了坚强；放弃了虚伪，便获得了真诚。放弃是一种学问。

两个青年无意间发现了一个能将清水变汽油的广告，他们大喜，马上买来广告上所谓的资料，夜以继日地研究起来。他们一直没有成功。过了不知多久，其中的一个青年通过这些天所学的知识发现，将水变成汽油是根本不可能的事情，于是他毅然放弃了，转而从商；离去时他劝说另一位青年：“我们要做的事情根本不合自然规律，别再瞎忙了。”可仍在研究的青年压根不听，他头一昂，回答说：“只要坚持下去，我相信总会成功的。”

五年过去了，那位转而经商的青年已成了百万富翁，他的商业天赋得到很多人的赞叹；而另一位青年仍在研究中一次次失败，他最后变得疯狂，因严重的精神妄想症住进了医院。

因为太多坚持到底的故事，人们便常认为坚持与放弃永远是一正一反的矛盾，赞扬坚持而鄙夷放弃。其实坚持代表一种顽强的毅力，它就像不断促使人奔向成功的马达。但是，在前进的同时还需要一定技巧，有时如果方向不对，则会越走越远。这时，唯有先放弃，等找准方向再重新努力才是明智之举。可见，要在生活中抓住成功，我们不仅要学会坚持，更要

学会如何放弃。

放弃，不是轻言失败，不是遇到困难阻碍就退却、屈服，是迎难而上的另一种方式；学会放弃，放弃不是舍弃，而是一种等待，等待更好的时机；学会放弃，放弃不是退避，而是一种储蓄，储蓄更大的勇气；学会放弃，不要硬挺着坚持，这样只会消磨你的意志，终究会迷失自己；学会放弃，放弃是一针清醒剂，让你静下心来反思，让你的头脑更加清晰；学会放弃，永远不要放弃的是你人格的尊严、做人的本质。

## 放弃是为了迎来新的机会

人有时候就像随风飘散的落叶，有的飘到岸边的水中，很快就被卷入一个一个的旋涡里，或者完全静止不动，或者在一个地方打转，或者顺着激流往下游流去。然而人与树叶不同，随波逐流的落叶，只有无可奈何地听天由命，它的前途完全由风向与流水来决定。人却可以自己决定前途和命运，你可以老待在静水处一动不动，也可以乘着激流，去寻找更大的发展空间。

成功的人懂得何时坚持、何时放弃，失败的人却刚好相反。

在一个半世纪以前，一艘英国商船沉没于马六甲海域，这艘从广州驶出的船上载满古老中国的丝绸、瓷器及珍宝。

十年前，一位名叫鲍尔的人偶然从相关资料上获此信息，便下决心打捞这艘沉船，他在深黑的海底摸索了漫长的八年，探寻了70多平方公里的海域，终于找到了海底的宝物。

耗资是巨大的，工作刚进行了30天，就用去几万元，两位最初的合伙人认定无望而离去。之后没有一个合伙人能坚持得更久，其中有一位鲍尔的好友，几次加入又几次离去，并一次次劝说鲍尔放弃这疯子般的念头。

事后鲍尔说他其实一直有放弃的念头，每次精疲力竭地从海底潜回时他都想永远不再下去了。他甚至怀疑早年的记载有误，而且八年来他已耗尽巨资债台高筑，但他终于坚持到了成功的这一天。

坚持不用多，在人的一生中，有一次坚持到底就算是成功，而放弃一旦开了头就决不会少，对于曾经认定的事——事业、爱情、友谊，放弃过一次就会一再放弃。

放弃在某种情况下就是奉献，并能在这种奉献中得到更多。很多优秀的企业家，在他们功成名就、资产无数时，并不是死守着自己挣下的那份家产，而是把更多的目光放在了公益和福利事业上，在自己有能力的条件下，拿出辛苦挣来的钱为

社会做贡献。看看那些舍弃财富的故事，你就知道放弃是一种奉献，同时也是得到。

在商业实践中，以超常思维改变思维定式，对于企业营销的成败具有非凡意义。其特点在于出其不意，独辟蹊径，而这恰恰是现代商人所应具备的思维品质。

二战胜利初期，联合国决定将总部设在纽约市，但苦于找不到交通便利的好地段。这时，大银行家约翰·洛克菲勒慷慨解囊，主动提出把曼哈顿岛上的一块土地捐赠给联合国总部。一时间，约翰·洛克菲勒的反常举动引来不少议论，一块好地皮为什么要白白送人呢？但是，随着联合国总部的建成，在其周围，富丽堂皇的外交家公寓、一流的大旅馆、酒家、商场，一座座围绕着这个世界组织的中心大厦拔地而起。与此同时，曼哈顿岛上洛克菲勒财团的一大片原本颓败的地皮也成倍地涨价，变成了纽约最昂贵的街区。这时候，人们才恍然大悟洛克菲勒的慷慨，惊叹其与众不同的谋财手段和超常的先见之明。

林则徐曾写过一副对联：“子孙若如我，留钱做什么？贤而多财，则损其志；子孙不如我，留钱做什么？愚而多财，益增其过。”

放弃一棵树，你会得到整片森林；放弃一滴水，你能拥有整个大海；放弃一片洼地，你就会占领一座高山。况且有些事情放弃了并不等于失去，当你放弃了对梦的追求，回归现实时，你会发现美好的一天正等待着你，并为你敞开了一扇通往未来的大门/因为放弃并不是消极地、绝对地摒弃，放弃是一种变通。放弃不是怯懦，也不是自暴自弃，更不是陷入绝境时渴望得到的一种解脱，而是在痛定思痛后的做出的一种选择，因此，人可以在放弃中获得一种新生。

## 放下得失，更容易成功

格罗根说过：“无论做什么事情，开始时，最为重要的是不要让那些爱唱反调的人破坏了你的理想。”美国斯坦福大学的一项研究也表明，人脑里的某一图像会像实际情况那样刺激人的神经系统。比如，当一个高尔夫球员击球时一再告诉自己不要把球打进水里时，他的大脑里往往就会出现球掉进水里的情景，而结果球真的掉进水里。后羿的故事也说明了这一点。

神射手后羿练就了百步穿杨的本领，立射、跪射、骑射样样精通，而且箭箭都能射中靶心，几乎从来没有失手过。人们争相传颂他高超的射技，对他非常敬佩。

夏王也从大臣的嘴里听说了这位神射手的本领，也目睹过后羿的表演，十分欣赏他的箭术。有一天，夏王想把后羿召入宫来，单独给自己表演看，好尽情领略他炉火纯青般的射术。

于是，夏王命人把后羿找来，带他到御花园里找了个开阔地带，叫人拿来了一块一尺见方、靶心直径大约一寸的兽皮箭靶，用手指着说："今天请先生来，是想请你展示一下你精湛的本领，这个箭靶就是你的目标。为了使这次表演不至于因为没有彩头而沉闷乏味，我来给你定个商法规则：如果射中了，赏赐黄金万两；如果射不中，那就要消削你一千户的封地。现在，请先生开始吧。"

后羿听了夏王的话，一言不发，面色变得凝重起来。他慢慢走到距箭靶一百步的地方，脚步显得相当沉重。然后，后羿取出一支箭，搭上弓弦，摆好姿势，拉开弓，开始瞄准。

想到自己这一箭出去可能产生的后果，一向镇定的后羿呼吸变得急促起来，拉弓的手微微发抖，瞄了几次都没有把箭射出去。后羿终于下定决心、松开了弦。箭应声而出，"啪"的一声钉在离靶心足有几寸远的地方。后羿脸色一下白了，他再

次拈弓搭箭，精神却更加不集中了，射出的箭偏得更远了。

后羿收拾弓箭，勉强赔笑向夏王告辞，悻悻地离开了王宫。夏王在失望的同时，也掩饰不住心头的疑惑，就问旁边的大臣：“这个神箭手平时射起箭来百发百中，为什么今天跟他定下了赏罚规则，他就大失水准了呢？”

大臣解释说：“后羿平日射箭，不过是一般练习，在一颗平常心之下，水平自然可以正常发挥。可是今天他射出的成绩直接关系到他的切身利益，叫他怎能静下心来充分施展呢？看来一个人只有真正把赏罚置之度外，才能成为当之无愧的神箭手啊！

患得患失就是这样一种一味地担心并斤斤计较个人得失的心态。患得患失是人生的精神枷锁，是笼罩在人身上的阴影，是浮躁的一个重要表现形式。而它只会使一个人把精力分散在许多事情上，最终浪费在无用的胡思乱想上，如此又怎么会成功呢？

可是，生活中往往有这样一些人，做什么事情之前都要反复考虑，做完之后又放心不下，对各方面都考虑得尽量周到，如有不妥，就很担心把事情办砸并担心别人对自己的看法，并且极其注重个人的得失。他们笼罩在患得患失的阴影之中，心

被得失纷扰得没有一丝安宁。其实，他们不知道的是，与其因患得患失而最后痛尝失败的恶果，不如开始就放手一搏，这样反而会有成功的可能。

## 放下身份，更可能赢得机会

用平凡的心做不平凡的事业，用平和的心想不平和的事情，用平衡的心看不平衡的世界，生命之所以精彩是因为我们用平衡的心去放下。只有放下，你才能得到你想要的结果。

吕强是一位大学生，在大学读书时成绩很好，老师、同学和家长对他的期望也很高，认为他将来一定能做出一番成就。事实也的确证明人们没有看错，吕强的确取得了成就，但不是在仕途上，也不是在跨国公司里，而是开餐厅创出了一片天地。

毕业后，当吕强得知家乡的夜市有一个摊子要转让时，他仔细考虑了以后，就向家人借钱把它买了下来。不仅仅是出

于创业，他本身对烹饪也很有兴趣，便自己当老板，开起了饭店。吕强的大学生身份曾招来很多人诧异的目光，但由于人们的好奇，也为他招来了不少生意。作为一名大学生，吕强自己也从未对自己学非所用及高学低用产生过怀疑，依然认真地做了下去。

经过几年的努力，吕强的餐厅经营得红红火火，同时还搞起了投资，收入比一般人不知高多少倍。吕强不去开餐厅或许也会很有成就，但不管怎样，他能放下大学生的架子，还是很令人佩服的。

现实生活中，人们常常不愿意放下自己的身份，人的身份是一种自我认同的感觉，这并不是什么坏事，但这种自我认同也是一种人为的自我限制，不愿放下身份的同时也失去了成功的机会。换一句话说，可以理解为因为我是这样的人，所以我不能去做那样的事。一般来说，自我认同越强的人，自我限制也越牢固。举些例子，富贵的小姐不愿意和侍女共同用餐，一名硕士不愿意当基层业务员，知识分子不愿意去做体力劳动的工作……可能在这些人的潜意识里，如果那样做就降低了他的身份。

其实，对于那些不愿意放下身份的人来说，他们的路只会

越走越窄。这并不是说有身份的人就不能取得成就，但有一点是需要考虑的，那就是在非常时刻，如果还顾及自己所谓的身份，那么你所走的路就有可能进入死胡同。在人生道路上，机会不是常常有，如果你能放下架子，那么路会越走越宽，生活也会因此而改变。

人的一生就像是在走路，途中会遇到很多岔路口，每到一个路口都面临一次选择，而每次选择无不影响着未来。你如果想在社会上真正地走出一条路来，活出从容快乐的人生，那么你就要放下自己的架子，不要再背着你的学历、你的家庭背景，让自己回归普通人。还有一点，也不要在乎别人的眼光和批评，做你认为有意义的事，追求你所爱的东西。

在人生的奋斗中，能放下自己高贵身份架子的人，他的思想富有高度的弹性，不会有刻板的观念，而能吸收各种新鲜的事物，丰富自己的头脑和智慧，这将是他最重要的本钱。

放下是一种态度，是一种机会，更是一种智慧。凡是有大成就的人，往往是能够放下，因为在放下的同时，你才真正是争取到了机会。放下就能比别人早一步抓到好机会，而且抓住的机会也会更多，因为他没有身份的顾虑。而有了好机会之后，成功的机会也会很多。

# 第四章 用心生活

# 不抱怨生活

卢梭说："生活得最有意义的人，并不是年岁活得最大的人，而是对生活最有感受的人。"

上帝给每个人一杯水，于是，人们从里面体味生活。

当你刚刚来到世界时，你的人生就好像是一杯清澈透明、无色无味的水，而正是因为有了生活的介入，这杯水才变得丰富多彩，五味俱全。然而生活的总量是不会改变的，它始终是一杯，而生活是否有意义完全取决于你自己。

一个铁匠想打造出一把锋利的宝剑，于是把一根根长长的铁条插进了炭火中，等到铁条烧得通红，然后取出来用铁锤

不停地敲打。如此反复了不知多少次，铁条变成了一把剑。可是他左看右看，觉得这把剑并不符合自己的要求，于是又把它放进了通红的炉火烧，然后拿出来继续敲打，他希望能把它打得再扁一点，成为一个种花的工具，谁知还是觉得不满意。就这样铁匠反复把铁条打成各种工具，结果全都失败了。最后一次，当他把烧得通红的铁条从炭火里取出来之后，茫茫然竟不知道该把它打造成什么工具好了。实在没有办法了，他随手把铁条插进了旁边的水桶中，在一阵“嘶嘶”声响后，铁匠说：“虽然这根铁条什么也没打造成，可至少我还能听听“嘶嘶”的声音。”

很多人在遭遇失败后，最先做的就是不停地抱怨，而不是从中吸取教训。这样的行为不但会使他们失去成长的机会，生活也会因此而变的枯燥和充满烦恼。相反，对于那些面对失败保持乐观的人而言，他们不但不会因此而到处抱怨，而且他们总是能在其中体验到乐趣。

对于一个乐观者而言，面对任何事情他们都不会去抱怨，这也是那些伟大的成功者之所以能取得成功的主要原因之一。

**在1888年的大选中，美国银行家莫尔当选副总统，在他执政期间，声誉卓著。当时，《纽约时报》有一位记者偶然得知**

这位总统曾经是一名小布匹商人，他感到十分奇怪：从一个小布匹商人到副总统，为什么会发展得这么快？带着这些疑问，他访问了莫尔。

莫尔说："我做布匹生意时也很成功，可是，有一天我读了一本书，书中有句话深深地打动了我。这句话是这样写的：'我们在人生的道路上，如果敢于向高难度的工作挑战，便能够突破自己的人生局面。'这句话使我怦然心动，让我不由自主地想起前不久有位朋友邀请我共同接手一家濒临破产的银行的事情。因为金融业秩序混乱，自己又是一个外行人，再加上家人的极力反对，我当时便断然拒绝了朋友的邀请。但是，读到这一句话后，我的心里有种燃烧的感觉，犹豫了一下，便决定给朋友打一个电话，就这样，我走入了金融业。经过一番学习和了解，我和朋友一起从艰难中开始，渐渐干得有声有色，度过了经济萧条时期，让银行走上了坦途，并不断壮大。之后，我又向政坛挑战，成为副总统，到达了人生辉煌的顶峰。"

莫尔取得的成功来自于他乐观的心理，面对自己出身的低微，他没有一丝抱怨，面对自己微弱的资产，他也没有抱怨，他没有因为自己只是个个小布匹商就停止了向往成功的步伐，

他而是选择了更高的目标，对未来不断发起挑战，朝着人生的巅峰不停地前进着。

成功的喜悦只有那些遇到困难永远不会抱怨的人才可以品尝到。快乐的生活永远都是在没有抱怨的情况下才可以产生的。那些只知道抱怨的人，就像被蒙上了双眼一样，看不到眼前的无限风光，这样他们自然也就永远不懂得去享受生活中的美好。对于这些人而言，他们始终都摆脱不了那些困扰在他们身上的烦恼，焦躁的心情就像魔咒一样一直困扰着他们，幸福和快乐的阳光很难会照在这些人的身上，因此，他们注定将生活在阴暗之中。

保罗·迪克的森林公园使每个路过那里的人都赞叹不已，葱郁的树木参天而立，各色花卉争香斗艳，鸟儿在林间快乐地歌唱。可有谁知道，这竟是在以前烧成废墟的老庄园上重建起来的！

保罗·迪克从祖父那继承下来的森林庄园，在五年前，由于雷电引起的一场火灾，烧毁了整个庄园。面对无情的打击，保罗·迪克根本就没有勇气去面对现实，他心痛不已。他知道，要想重建庄园是要花费很大精力的，最重要的是还需要很

大一笔资金，而这笔资金他根本就没有办法凑到。保罗·迪克因此而茶饭不思，闭门不出，变得非常憔悴。

他的祖母知道了这件事情以后，意味深长地对保罗·迪克说："孩子，庄园被烧了其实并不可怕，可怕的是自己因此而被毁掉。"

听完祖母的话后，保罗·迪克一个人走出了静静的庄园，脑海里始终回想着祖母对他所说的话，对自己的人生开始重新思索。一次，他发现很多人排在一家商店的门口正在抢购些什么，他好奇地走上前去，原来这些人在抢购木炭。木炭！保罗·迪克的脑海里突然浮现出了一个好办法。

保罗·迪克雇用了几个烧炭工，他们决定用两个星期的时间将庄园里的那些烧焦的树木加工成木炭，然后送到集市上去出售。这一想法果然很有效，保罗·迪克很快就卖光了所有用树木加工而成的木炭，还收获了一笔不小的资金。他用这笔资金购买了树苗后，重新开始精心地打理祖父留给他的庄园，没过多久便有了现在绿树成荫的森林庄园。

李·艾柯卡曾是美国福特汽车公司里的总经理，后来又成为克莱斯勒汽车公司的总经理。他的座右铭是："奋力向前。

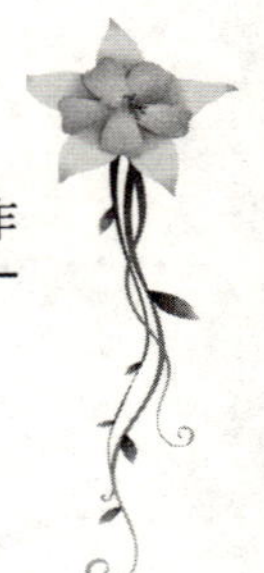

即使时运不济，也永不绝望，也永不抱怨，哪怕天崩地裂。”

艾柯卡不光品尝过成功的欢乐，也曾有过遭遇挫折的懊丧。他的一生，用他自己的话来说，就叫作“苦乐参半”。1946年8月，21岁的艾柯卡到福特汽车公司当了一名见习工程师。他喜欢和人打交道，而且想搞经销。

艾柯卡靠自己的奋斗，由一名普通的推销员，最终当上了福特公司的总经理。但是，在1978年7月13日，他却被妒火中烧的大老板亨利·福特开除了。当了八年的总经理，在福特工作已32年，一帆风顺，从来没有在别的地方工作过，突然间失业了。昨天还是英雄，今天却好像成了瘟疫患者，人人都远远地躲开他，过去的朋友都抛弃了他，他遭遇了生命中最大的打击。

但是，艾柯卡没有抱怨，也没有绝望，他想起了小时候发生在他身上的一件事：一次，还是中学生的艾柯卡去野外玩，他坐在一根原木上面，打开一包三明治，欣赏着巍峨险峻的山景。只见两条潺潺奔流的小溪汇合到一起，形成了一个清澈透明、深不见底的小潭，然后沿着一条树木丛生的峡谷直泻而下……如果不是有一只蜜蜂“嗡嗡嗡”围着艾柯卡不停地飞，他的心境一定如田园诗般清净。

这不过是一只普通的好扰乱野餐者兴致的蜜蜂。艾柯卡不假思索地把它赶跑了。

可是这只蜜蜂一点儿也没有被吓倒，它又飞回来了，还是围着他“嗡嗡嗡”地转起来。这时，艾柯卡彻底失去了耐心。他一下子把这只蜜蜂打落到地上，接着一脚把它踩住，“嘎吱”一声把它碾进了沙土里。

片刻之后，艾柯卡脚边的沙土发生了奇迹般的变化，使他大吃一惊地是，那个不断折磨他的坏东西居然从沙土中钻了出来。它的翅膀狂乱地扑打着，好像在向艾柯卡示威呢！这一次艾柯卡更不耐烦了。他站起来，用120磅身体的重量把这只蜜蜂又重新碾进了沙土里。

艾柯卡重新坐下来吃午餐了。几分钟后，他发觉脚边有什么东西轻轻地动了一下。一只身体已被碾破但仍然活着的蜜蜂从沙土里有气无力地钻了出来。

艾柯卡对蜜蜂的幸存产生了兴趣，他俯下身子仔细地查看蜜蜂的伤——右侧的翅膀还相对完整，但左侧的翅膀已被碾得像一块揉破的纸。然而，那只蜜蜂仍然在不停地上下活动着它

的翅膀，仿佛在估量自己所受的损害。它还开始修整它那沾满了泥沙的胸腹部。

随后，蜜蜂把注意力转向那折变了形的左翅，用腿反复抚摸着整个翅膀。每整理一段时间，蜜蜂就“嗡嗡”地扑打翅膀，好似在测试升力。这只毫无希望的残废者竟以为它还能飞？艾柯卡双手撑地跪下去，想更好地看看这些无用的努力。

他更仔细地观察证实，这只蜜蜂完了，它肯定完了。艾柯卡确信自己有这点生物学知识。

但是，那只蜜蜂仿佛对艾柯卡这高超的判断置若罔闻。它好像在逐渐恢复力量，并且加快了修整的节奏。这时，它那薄纱般的翅膀坚挺起来，而已弯曲的翅膀差不多已伸直了。

终于，蜜蜂觉得有充分的信心可以做一次试飞了。伴着一阵“嗡嗡”声，它飞离了地面，然而却一头撞在不到三英寸以外的沙堆上。这个小生命撞得很厉害，然而它还是拼命地梳理和伸展翅膀。

蜜蜂再次飞了起来，飞了六英寸后又撞到了另一个土墩上。很明显，蜜蜂的翅膀恢复了升力，但它还没能好好地控制

方向。每次碰撞以后，那只蜜蜂便疯狂地活动，以纠正新发现的结构上的缺陷。

它又一次飞了起来，这回越过了沙丘而笔直地朝一根树桩飞去。勉强地躲过了树桩，然后放慢了飞行的速度，转了几圈儿，在明澈如镜的水潭上空慢慢地飘过，似乎要欣赏它自己的曼妙身影。

艾柯卡想起童年时代里刻骨铭心的这一幕，他告诉自己："艰苦的日子一旦来临，除了做个深呼吸，咬紧牙关尽其所能外，实在别无选择。"

艾柯卡是这么说的，最后也是这么做的。他没有倒下去。他接受了一个新的挑战：应聘到濒临破产的克莱斯勒汽车公司出任总经理。

艾柯卡，这位在世界第二大汽车公司当了八年总经理的强者，凭借他的智慧、胆识和魄力，大刀阔斧地对企业进行整顿改革，向政府求援，舌战国会议员，取得了巨额贷款，重振了企业雄风。

1983年8月15日，艾柯卡把面额高达81348亿美元的支票，

交到银行代表手里。至此，克莱斯勒还清了所有债务。而恰恰是五年前的这一天，亨利·福特开除了他。

人生就是这样到处充满了坎坷，谁都避免不了遇到一些麻烦和困难，如果一味抱怨的话，不但事情得不到解决，人生也会因此而失去快乐。曾有一位伟大的哲学家这样说道：“迷路时抱怨的一百句话，顶不上问路的一句话。”与其不停地抱怨，还不如把时间和精力放在思考和解决问题上面，这才是遇到困难时应该要做的事情。同是一件事情，抱怨会将其变得非常糟糕。相反，如果你能杜绝抱怨的话，即使是一件糟糕的事情处理起来也会变得比较轻松。当我们遭遇困境时千万不要让抱怨毁掉我们继续奋斗的勇气和精神，掌握自己的命运，抓住希望永不放弃，相信最终我们获得的一定会是幸福和快乐。

## 用快乐去拥抱生活

小说家屠格涅夫曾这样说："幸福没有明天，也没有昨天，它不怀念过去，也不向往未来，它只有现在。"人生最大的幸福莫过于每天都能快乐地生活。正如屠格涅夫所说，珍惜眼前的快乐才是最幸福的事情。很多人一生都在追求幸福，殊不知幸福就在我们眼前，如果我们能学会珍惜眼前的每一份快乐，我们就已经生活在幸福当中。

生活中的大多数人，一生热衷于追求财富、权势、声誉，我们甚至很少听人说："我一生都在追求快乐。"因为在一般人的印象之中，当他们得到财富、权力、名誉、地位之后，快

乐也就随之而来了。不过，少数“幸运者”等到他们耗费毕生力气将这些追到手之后才恍然大悟，快乐非但没有来，反而换来了痛苦。

纵观那些事业有成的人，他们都有一个共同的特点，那就是他们对自己的工作都怀有深深的热忱，他们总是用快乐的心情对待自己的工作。事实上，也正是如此，当你以快乐心情工作时，你的工作就会做得更为出色，你也就更容易获得成功。

有一个在麦当劳工作的员工，他每天的工作就是给客人煎汉堡。但是他并未因每天的工作是如此的枯燥乏味而懈怠，相反他每天都很快乐地工作，尤其在给客人煎汉堡的时候。许多顾客看到他心情愉快地煎着汉堡，都对他为何如此开心感到十分好奇，便问他：“是什么事情让你感到如此愉悦呢？”

这名员工满面春风地对客人说：“在我每次煎汉堡的时候，我便会想到如果点这个汉堡的人可以吃到一个精心制作的汉堡，他的心情也会好起来，每次想到这里我都要求自己要好好地煎这个汉堡，好让吃到汉堡的人能感受到我带给他们的快乐。每次我看到顾客吃了之后十分满足，并且神情愉快地离开时，我便感到十分高兴。因此，我把煎好汉堡当作是我每天工

作的一项使命，要尽全力去做好它。”

顾客们听了他的回答之后，都感到非常的惊异和钦佩。他们回去之后，就把这件事情告诉周围的同事、朋友或亲人，这样一传十、十传百，很多人都专程来到这家店，专门吃他煎的汉堡，同时看看这个“快乐的煎汉堡的人”。

公司很快得知了这一情况，他们一致认为这样一名怀有热情、工作态度积极的员工是绝对值得奖励和栽培的。不久，“快乐的煎汉堡的人”便被提升为地区经理了。

应该说，这个煎汉堡的人，他的工作可以说是普通得有点单调乏味了，可是我们这位可爱的员工却把“做好每一个汉堡，让顾客吃了开心”当作自己的工作使命。对他而言，只有这样做才是有意义的，所以他满怀信心、热情并且快乐地去做好这份工作。

如果我们也能像他一样，把每件简单的工作都提升为自己的人生使命，力求把它做得更加完美，那么我们的成就感和信心就会愈来愈强，工作也会愈来愈顺畅。当别人看到我们热忱地、全力地把工作做好时，自然会有感受，机遇也就多起来。

我们应该尽可能地面带微笑去面对生活，只要你这样做

了，你将会发现微笑给你的生活带来了改变，你也将由此变成一个幸福快乐的人。

其实，快乐和痛苦，都是由自己造成的。只有那些善于发现快乐的人，他们才能在看似平凡的生活中随时找到快乐的种子。而那些整天忧愁的人，尽管他们身边有许多快乐，但他们却总是视而不见。

罗丹说过，生活中从不缺少美，而是缺少发现美的眼睛。我想，快乐是否也可以套用罗丹的话？许多人认为自己活得并不快乐，那是因为他没有一颗发现快乐的心，没有珍视自己拥有过的快乐，而是一味地强求许多还没有得到的东西，而且一直以为只有得到了才会快乐。可是，请大家不要忘记，快乐是你内心真实的感受。外物的满足只是你快乐的条件，却不是真正的原因。

“当我站在山顶，看着落日在不远处的山峦斜挂，听着耳边阵阵的松涛声，我简直快乐得要哭出来了，我从没想到站在山顶是这样快乐!”朋友告诉我时，眼睛仍闪着亮光，在他多年的生命中，这个发现似乎比发现一个宝藏还让人快乐，“因为我发现了自己的能力，发现了自己禀赋的潜能，发现了新的乐趣……”“我想人生中许多的发现，都能带来类似的喜

悦，像婴儿的第一句话语，新学会的一首歌，或是刚学会的技艺……”这种由内在的意愿转化成事实的振奋，实在是人性中最宝贵的东西，每一个人都曾有过这样的感觉。

发现内心的自我，而发展成自我的人格，是一个人内心成长的过程。儿童由于心智尚未成熟，必须从不断的赞美与肯定中，得到鼓励。别人的赞美与批评，都是外在的因素，我们不能永远依赖外来的评判来了解自己，只有自己的探索、发现才能接近真正的自我。一个成长的人，越能明白自己的优缺点，越不会受外界的干扰，也越能明白内心的世界，而能控制自己的喜乐，脱离了童稚的依赖心理，心智才能成熟快乐。

美国内华达州的一所中学曾在入学考试时出过这样一道题目：比尔·盖茨的办公桌上有五只带锁的抽屉，里面分别装着财富、兴趣、幸福、荣誉、成功。而比尔·盖茨总带着一把钥匙，而把其他的四把锁在抽屉里，请问他每次只带哪一把钥匙？其他的四把锁在哪一只或哪几只抽屉里？有一位聪明的学生在美国麦迪逊中学的网页上看到了比尔·盖茨给该校的回信，他说：“在你最感兴趣的事物上，隐藏着你人生的秘密。”这无疑是正确的答案。

，一个人假如可以在他喜欢的事物中花费精力，就一定可

以在那件事物中发现别人无法发现的秘密，并从中获得别人无法拥有的快乐。因为在整个过程中，那个真实的自我被承认了存在的价值，得到了满足。

## 知足才能常乐

常言道，知足者常乐。为什么这样说呢？

因为幸福没有止境，也没有标准，只是看你对它的认识如何，以及你对它怎样解释而已。

一只馋嘴的狐狸，它发现了一座葡萄园，便很想过去吃个饱，可是发现园子四周全围着篱笆，中间只有一个很小的洞口，它根本钻不进去。于是，它让自己饿了三天，终于可以很轻松地就从那个小洞中钻进了葡萄园。狐狸大吃特吃，过了几天，它不再想吃葡萄了，于是它来到那个小洞前，却发现自己变得太胖了，已经不能从那个小洞中钻出去了。没办法，狐狸

**又把自己饿了三天，才钻出了葡萄园。**

馋嘴的狐狸已经尽情享用过甜美的果实，但是它却太过贪心，最终也就只能瘪着肚子离开，这完全是因为它不懂得知足常乐的道理。所以，太贪心的人往往是享受不到快乐的。只有拥有健康的心态，你的人生才会充满欢乐。

只有那些知道适当满足的人，才能够保持稳定的心态，从而在自己的岗位上有所成就，工作上有了成就，自然会给自己带来快乐。如一个人调换了工作，看到自己拿的是全单位最低一等的工资，而一些年纪轻轻的同事却比自己拿得多，这人会怎么想呢？如果他不知足，那他一定不会快乐，工作也不会安心；如果他换个角度想一想，这份工作和自己以前的工作相比，是不是干得更顺手呢？现在的月薪和以前相比，数量是不是增多了呢？当他从这些问题中找到满足，他的心情一定不会差，他的生活也就不乏快乐了。

知足使人不为外物所役，从而获得真正的快乐。爱因斯坦曾经用一张大面值的支票做书签，结果那本书找不到了。对此事，他只是一笑了之。如果换作葛朗台先生，肯定要捶胸顿足，后悔得要死要活了。如此看来，是不役于外物的人快乐呢，还是把自己的悲欢系于身外之物的人快乐呢？答案当然是

前者。

一个渔夫躺在沙滩上晒太阳，这时富翁走过来问他为什么不工作，他却反问说为什么要工作？富翁说工作以后可以赚大钱，可以买车买房有美女相伴，然后就可以去沙滩度假。渔夫接着又反问："那我现在在干什么？"富翁哑口无言。这就是我们常说的"知足者常乐"。

相比之下，故事中的那个渔夫就要聪明得多。他住最简单的房屋，吃最平淡的饭菜，穿最朴素的衣装，"简简单单也是真"，倒也图个悠闲快乐。富翁倾其所有精力，忙忙碌碌了一生，换来的快乐远不及渔夫享受到的多。渔夫安于现状每天只需打打鱼赚得基本的生活资料便可以享受到平凡的快乐，富翁却为此拼掉了毕生的精力。那么谁更加快乐呢？

欲望是无止境的，就像挂在驴子嘴巴前面的胡萝卜，受到这样的引诱，驴子总是在不断地往前走，试图去吃掉它，却永远也吃不到嘴里。

"君子有所为，有所不为。"对于我们个人来说，所谓的知足者常乐，满足于现状，并不一定就代表不思进取。对于事业我们理应孜孜以求，而对于那些名利之事我们大可不必计较。有的人钱多了不知该怎么花，而对于大多的老百姓来说，

每一分钱都来之不易。怎么办？“红眼病”是万万要不得的。钱多了还容易招贼惦记呢，你要这样想心态不就平和了吗？你开着私家车确实很神气，我骑自行车上下班确实很累，可我骑车一来安全，二来符合环保要求，更重要的是还锻炼了身体。千金难买好身体，何乐而不为呢？

不过，有时候也要“不知足”才能常乐。对于学习，对于丰富多彩的科学文化知识，对于事业的进取，我们自然应该不知足。伟大的共产主义战士雷锋说过：“在工作上要向水平最高的同志看齐，在生活上要向水平最低的同志看齐。”这句话是对“知足”二字的最好注解。

# 不计较小事

斤斤计较往往是我们评价一个人心态和价值观的一项标准，遇到事情不肯做一点让步、分毫必争的人在与人交往中就会令人反感。斗量有多有少，秤头有高有低，天平有毫厘之差，凡事都有个概率，绝对的平衡和平均是没有的。宇宙间万事万物之所以永不停息地运动，就在于万事万物始终在进行着从平衡到不平衡，又从不平衡到平衡的循环往复的变化。所以，宇宙间绝对的公平是没有的。既然没有绝对的公平，那么人生也就不应该为了区区小事而斤斤计较，苛求绝对的公平。

一个人的人生之所以总是充满烦恼，大多是因为他不能把

一些事情看淡。也就是总是对一些小事斤斤计较，这也就导致了他们对很多事情都不能乐观的对待，动不动就会大发脾气，使人生变得压抑暗淡，没有一丝愉悦的阳光。其实，我们完全没有必要对某一件事情过于计较，过分强调一件事情的错误，不但不能将其解决，还会使整件事情变得更糟。

王某毕业后，因为在学校表现良好，各门功课都学得不错，再加上父母的一些帮助，在家乡的小城里找到一家效益很好的单位。

刚上班的第一个月，王某非常主动，也乐于给同事们提供帮助，因为他初来乍到，业务不多，所以办公室里的开水就经常由他去打。几天后，每天提热水壶上楼打开水自然成了王某分内的事。同时这位大学生觉得这是理所当然的事，再说是个年轻小伙子，身强力壮的，就没有在意，认为他应该打水。

这天上午，王某到外面办事去了，中午回到办公室想喝点水，但他揭开热水壶盖一看，里面空空如也。又累又渴的王某突然觉得很委屈，但是他也没有说什么，拿起水壶就去打水。晚上下班回家，他就想我是去上班的，又不是专门负责打水的，为什么这么长时间就我一个人在干，太不公平了。他越

想越生气，第二天刚到办公室，他就大声说从明天起轮流打开水，他不愿一个人承包。

就这样，本来同事们都对他印象很好，他却偏偏在这些小事情上斤斤计较，不能吃一点亏，失去了人心。

计较往往使事情复杂化和矛盾化，甚至斗争化，凡不愉快的事情大都由斤斤计较而来。凡事从大的方面把握，这应当是人们为人处世的基本原则。正所谓大行不拘小节，大礼不辞小让。人生应该宽宏大度，避免斤斤计较。

在现实生活中，许多人实在是有一些小心眼，太在意身边一些琐事了。其实，很多人的烦恼，并不是由多么大的事情引起的，而恰恰是来自对身边一些琐事的过分在意、计较和较劲。

比如，有的人对别人说的话总是喜欢一句一句的琢磨，对别人的过错更是加倍的抱怨；他们对自己的得失喜欢常常耿耿于怀，对于周围的一切都易于敏感，而且总是曲解和夸张外来的信息。这种人无非是在用一种狭隘而幼稚的认知方式，为自己营造着可怕的心灵监狱，这也就是我们常说的自寻烦恼。他们不但会让自己活得非常累，而且也使周围的人活得非常累，他们给自己编织了一个非常痛苦的人生。那些对小事不在意的人会活得潇洒，活得真实，才会在意大事，才会成就大事。

有一天，米尔养的一头牛为了偷吃玉米而冲破附近一户农家的篱笆，最后被农夫杀死。依当地牧场的共同约定，农夫应该通知米尔并说明原因，但是农夫没这样做。

米尔知道这件事后非常生气，于是带着用人一起去找农夫理论。此时，正值寒流来袭，他们走到一半，人与马车全都挂满了冰霜，两人也几乎要冻僵了。好不容易抵达木屋，农夫却不在家，农夫的妻子热情地邀请他们进屋等待。米尔进屋取暖时，看见妇人十分消瘦憔悴，而且桌椅后还躲着五个干瘦如柴的孩子。

不久，农夫回来了，妻子告诉他："他们可是顶着狂风严寒而来的。"米尔本想开口与农夫理论，忽然又打住了，只是伸出了手。农夫完全不知道米尔的来意，便开心地与他握手、拥抱，并热情邀请他们共进晚餐。这时，农夫满脸歉意地说："不好意思，委屈你们吃这些豆子，原本有牛肉可以吃的，但是忽然刮起了风，还没准备好。"孩子们听见有牛肉可吃，高兴得眼睛都发亮了。吃饭时，用人一直等着米尔开口谈正事，以便处理杀牛的事，但是米尔看起来似乎忘记了，只见他与这

家人开心地有说有笑。饭后，天气仍然相当差，农夫一定要两个人住下，等转天再回去，于是米尔与用人在那里过了一晚。第二天早上，他们吃了一顿丰富的早餐后，就告辞回去了。

在寒流中走了这么一趟，米尔对此行的目的却闭口不提。在回家的路上，用人忍不住问他："我以为，你准备去为那头牛讨个公道呢！"米尔微笑着说："是啊，我本来是抱着这个念头的，但是后来我又盘算了一下，决定不再追究了。你知道吗，我并没有白白失去一头牛啊！因为我得到了一点人情味。毕竟牛在任何时候都可以获得，然而人情味却并不是很容易得到。"

生活中，大多数的人都在追求物质上的满足，表现在言行上便是为了小事斤斤计较，然而当物质需要得到满足之后，我们的心是否真的充实了？

人与物之间是无从比较的，真正的无价必定表现于无形，就像大师的雕刻作品，它的价值不在价格与实体上，而是创作者对作品付出的情感与附在作品身上的生命感悟。

故事中的米尔，尽管失去了一头牛，却换得农夫一家人的笑容和幸福以及难得遇见的人情味，这段经历，更让他懂得生命中哪些才是无价的。

有一位禅师，他非常喜爱兰花，在平日弘法讲经之余，花费了许多时间栽种兰花。有一天，他要外出云游一段时间，临行前交待弟子要好好照顾寺里的兰花。在这期间，弟子们总是细心照顾兰花，但有一天在浇水时却不小心将兰花架碰倒了，所有的兰花盆都摔碎了，兰花散了满地。弟子们都因此非常恐慌，打算等师父回来，向师父赔罪领罚。禅师回来了，闻知此事，便召集弟子们，不但没有责怪，反而说道："我种兰花，一来是希望用来供佛，二来也是为了美化寺里环境，不是为了生气而种兰花的。"禅师说得好，"不是为了生气而种兰花的。"而禅师之所以看得开，是因为他虽然喜欢兰花，但心中却无兰花这个障碍，因此兰花的得失，并不影响他心中的喜怒。

在日常生活中，我们牵挂得太多，我们太在意得失，所以我们情绪起伏，我们不快乐。在生气之际，如果我们能多想想："我不是为了生气而工作的""我不是为了生气而教书的""我不是为了生气而交朋友的""我不是为了生气而做夫妻的""我不是为了生气而生儿育女的"，那么，我们的烦恼将一扫而空。

斤斤计较主要有两个方面，一个是利益方面，一个是情感方面。我们在与人相处的过程中，常常会看到这样一些现象：没有能力的人身居高位，有能力的人怀才不遇；做事做得少或者不做事的人，拿的工资要比拼命做事的人还要高；同样一件事情，你做好了，老板不但不表扬你，还对你鸡蛋里挑骨头，而另外一个人把事情做砸了，还得到老板的夸赞和鼓励……诸如此类的事情，我们看了就生气，会理直气壮地说："这简直太不公平了！"

其实，在一些蝇头小利面前我们不该斤斤计较，最重要的是摆正心态，不必事事苛求百分百的公平，否则就是自己和自己过不去。对生活中的小事看开一点，对已经过去的事情更不要耿耿于怀，把精力和时间放在创造新的价值上。这样，就单个事情来说不一定公平，但从整体上来说却是公平的。另外我们还可以设法通过自己的努力来求得公平，例如我们可以改变衡量公平的标准。公平是相对而言的，衡量公平的标准也不是一成不变的，当你换个角度来看待问题时，你会发觉自己得到的比失去的要多。

不公平是一种进行比较后的主观感觉，因而只要我们改变比较的标准，就能够在心理上消除不公平感。而且产生不公平

的心理也是因为不肯放弃自己的某些利益，如果你仔细想想，那些利益在你的生活中又能起到多大的作用呢？如果起不到多大的作用，那还不如放弃它。首先你可以赢得人心，其次你也不必为了一些鸡毛蒜皮的事情伤脑筋。有的人习惯于斤斤计较，他不觉得这样非常累心，其实不然，人的脑袋虽然有无穷的潜能还没有发挥，但是，当你的脑袋在被无关紧要的事情所累的时候，你的生活就会慢慢地转型，你脑子思考的问题也就渐渐地局限在了这些小事上。这不仅仅是浪费时间、浪费精力，还是把你的脑力白白地浪费在了一些无用的事情上。如果你能豁达一些，放弃那些蝇头小利，让你的大脑只思考那些重要的、对你的人生起到“质”的作用的事情上，那么，你的潜能也会有无限发挥的空间。假如你有斤斤计较的时间，可以让大脑轻松一下，做一些对调节大脑有益的运动，岂不是更有意义。

人生不必太在意小事。无论生活还是工作当中，任何人都避免不了不愉快的事情发生在自己的身上，我们应该学会从容面对。要知道这些不愉快都只不过是我们人生中一些下小小的插曲而已。

# 简单的生活才快乐

得到快乐并不是增加财富，而是降低自己的欲望。因为追求太多只能使生活变得更加复杂难过，而降低自己的欲望则会使生活变得简单快乐。

著名作家罗兰说：“一个人如果能让自己经常维持像孩子一般纯洁的心灵，用乐观的心情去做事，用善良的心肠待人，光明坦白，他的一生一定比别人快乐得多。”

在很多时候，人们在提到快乐的时候总是会把它和孩子们联系在一起，因为人们都觉得只有那些无忧无虑的孩子才是世界上最快乐的人。没错，孩子的确是世界上最快乐的人，人

人都有过无忧无虑的童年，那的确是非常美好的回忆。可谁也逃避不了现实，人们总是会长大，总是会告别无忧无虑的生活，那么，我们告别了童年就等于失去快乐吗？我觉得并非是这个样子的，人们之所以生活得郁闷、烦躁，其很大一部分原因就是在于我们已经能像儿时那样简单地面对生活了。当人们长大后总是喜欢把一些简单的事情搞得非常复杂，有人说这是谨慎，谨慎没错，可过于谨慎只能使我们的生活失去原有的快乐。所以说，我们要适当地把复杂的事情简单化，简单才是快乐的根本。

换个角度来讲，其实我们的生活并不是那么复杂，生活变得复杂是因为人们的心理变得复杂而造成的。是内心的复杂使人们的行为与实际情形发生了错位，才导致了人们对生活充满了猜测、怀疑甚至是恐惧，才使得人们不能用简单的方式来看待问题，从而使生活变得复杂。

艾米自打离开校园步入社会后，就失去了以往的快乐。为此他感到非常不解，自己一直都是一个活泼开朗的人，为什么现在就是高兴不起来了呢？原来，当艾米步入社会后，他担心自己会因为缺少社会经验而吃亏上当，所以无论做任何事他都格外谨慎，生怕自己受到伤害。即使是一件非常简单的事情他都会绞

尽脑汁去仔细思考，在确认不会对自己造成伤害后他才肯去做。就拿和朋友一起出去吃饭来说，以前的艾米总是能和朋友打成一片，每次与朋友约会他都会第一个到，而且还会玩得非常开心。而现在的艾米在接到朋友的邀请时首先的感觉不是高兴，而是前思后想，是不是朋友想通过这样的方式从他这里得到些什么？难道是想让我透露公司的秘密？种种猜疑使一件原本非常简单快乐的事变得既复杂又难过。而其实，朋友找艾米只不过就是因为很长时间没见，想叙叙旧一起吃个饭而已。

蒂尼也是一个刚步入社会的新人，可她并没有因环境的变换而对某些事情感到担忧，虽然面对一些事情她会认真仔细地思考，但从来不会过分的紧张。即使是遇到一件非常复杂的事情，她也会将其简单化，勇敢地面对并用自己的行动去解决。蒂尼非常清楚，即使是一件再简单的事情，只是思考不去行动也会变得复杂，而相反也是如此，即便是一件再困难的事情只要勇敢的面对积极的解决，也会变得简单起来。

在很多时候，面对同样一件事情如果你的心态不正确，就会将其变得非常复杂，从而把自己搞得焦头烂额，明明是一件很快乐的事也会因此而变得难过。生活就是这个样子，如果你

以乐观的方式去面对一件事情，即使它是一件坏事你也会从中找到一些乐趣；相反，如果你用悲观的方式去面对一件事情，即使它是一件好事，也会因为你悲观的态度而失去原有的乐趣。我们应该学会简单地面对生活，不要让困难一直困扰着我们，更不要把所有事都搞得很复杂，坦然地面对一切，这世上就没有什么大不了的事，只要我们努力去做，用乐观的方式去解决，我们就一定会生活得很快乐。

有个渔夫是捕鱼高手，每次出海回来，他总是能带回来比别人多很多的鱼。可这个渔夫身上有一个很不好的习惯，就是他很喜欢立誓言，亲人朋友都曾劝他不要一直这样下去，可他始终都是执迷不悟。

到了捕鱼的季节，渔夫们纷纷出海捕鱼，听说现在集市上墨鱼价钱最高，于是这个爱立誓言的渔夫便发誓这次出海只捕墨鱼。而事实并没有他想象得那么顺利，这次他遇到的是螃蟹，没办法，渔夫只能两手空空地回到了岸上。上岸后他才知道，现在集市上最能卖上价钱的是螃蟹。于是渔夫又发誓这次出海一定要捕很多螃蟹回来。

收拾好后，渔夫第二次出海了。他一心只想着捕螃蟹，就连

出现的一大群墨鱼他都没有理会。结果他又不得不空手而归了。晚上，渔夫抚着饥饿难忍的肚皮，躺在床上十分懊悔。于是，他又发誓，下次出海无论遇到螃蟹还是墨鱼，他都要捕回来。

怀着决心，渔夫开始了第三次出海。渔夫拼命地寻找着螃蟹和墨鱼，可他遇到的却是一群鳜鱼。于是，渔夫又一次两手空空地回到了岸上。

渔夫没有赶上第四次出海，他在自己的誓言中饥寒交迫地死去了。

人们原本可以在简单的生活中得到快乐，可在很多时候正是因为把事情搞得过于复杂，才从而失去了原有的乐趣。渔夫本来是可以过上幸福快乐的生活的，可正是因为他不懂得享受简单，非要把生活搞得复杂，才得到一次又一次的失败，最终走向了死亡。

很多人一直都在抱怨自己生活是那么的累，完全体会不到生活的乐趣。其实，导致他们感到劳累往往并不是因为生活上的压力，而是心理上的问题，他们不能乐观地面对事情，总是把事情搞得很复杂，以至于他们不得不多耗费精力去解决这些问题，这才是他们失去快乐的真正原因。

# 第五章 把工作和快乐变得简单

## 工作要讲方法

有人觉得工作是一件痛苦的事情，也有人觉得工作是一件快乐的事情，繁忙的工作总会给人们带来一些烦恼，尤其在如今这个竞争激烈的市场中，如果不能将工作安排得有条有理，那做起事情就很容易一团糟。

生活中，人们在做事时都会讲究方法，这样，做起事来不但会加快速顺利，而且也会最大限度地减少不必要的麻烦。想要顺利完成工作，并将其做好，我们同样需要讲究方法。其实，工作中，人们之所以常常会被一些烦琐的事情搞得焦头烂额，其中很大一部分原因都是因为我们没能找到正确的工作方

法，这才导致了事情变得混乱，无法按条理去实施。

俄罗斯有句谚语：“巧干能捕雄狮，蛮干难捉蟋蟀。”无论做任何事都要讲究方法，一个聪明的人永远不会按老套路去工作，他们可以在工作中总结经验，并不断改进自己的工作方法，从而提高自己的工作效率。

不难看到这样一些人：每天早上从进入公司那一刻起，他们就开始不停地工作，虽然工作认真，做事勤快，可一天下来，他们的工作进度并不会比其他人高出多少，甚至有些时候，同样的工作，即便是比别人多付出了辛苦，可最终得到的结果却不如别人。为此，他们会感到疑惑，为什么自己比别人多付出了努力，可到头来工作效率反而会比其他人低呢？其实原因很简单，埋头苦干的精神在一定程度上是值得表扬的，但只知道做，却不讲究方法，加班加点工作并不一定就会提高工作效率，而在很多时候还会对工作产生一些负面影响：工作时间过长，导致休息时间不够，使人的头脑不能保持清醒，做起事情经常会晕头转向；因为经常加班，导致工作节奏被打乱，工作起来总是找不到头绪。因此，一味地蛮干，而不讲究工作方法，并不值得提倡。不讲究工作方法的人，工作起来看似很忙，一直不停地做事，可本该一天完成的工作，用两天甚至更

长时间却还没完成，这样不仅浪费了时间和公司资源，对个人情绪也有很大的影响。经常会看到这样一些人，他们因为自己跟不上集体的工作效率，情绪变得急躁，既怕拖大家的后腿，又担心领导会批评自己，从而导致无法集中精力去工作，而这样去工作，往往是最容易发生错误的。

讲究工作方法首先就要有明确的目标。并且还要知道自己在一段时间内要去做什么，哪件事情是急需完成的，而哪件事情又是可以往后推迟的，要充分认识到每件事情的急缓，一步步着手去办，这样做起事来才会有条理。人们常说：确定了目标，就等于成功了一半。尚且不去讨论这句话的含金量，但确定目标一定能为顺利完成工作提供很大的帮助。没有明确的目标，就无法到达终点。当人们无法确定工作目标时，或许看起来是在忙忙碌碌地埋头苦干，但却没有明显效果，而所有老板要的都是结果，他们往往不会在乎其间你会怎么做，尽管你很忙碌，可没有成绩也是不行的，这只能说明你的能力有欠缺。

小伟是一名普通高校的毕业生，刚进入投资公司时，他看起来才智平平，没有什么特别之处，不过了解他的人都知道，他的发展要比其他员工快很多。小伟自己也很清楚，有时候，勇气和耐心要比埋头苦干更有效，工作要讲究方法。

从参加第一天的员工会议开始，他就用发言给领导留下了初步的印象。当其他员工都埋头苦干、还分不清公司里谁是谁的时候，小伟已经掌握了公司的大致情况。在以后的工作中，小伟总是能既轻松，又迅速地把工作做好，每项工作做起来都是那么的有条理。经过努力，入职还不到两年，小伟便升为了部门经理。

合理有效的工作方法，不仅可以节省资源，还可以大大提高你的工作效率。如果你觉得为自己制订工作方法是一件烦琐的事情，还要花一部分时间专去思考它，那么，有一个办法可以将其变得既简单又有效：将自己的工作安排表写下来。这是一个非常好的办法，这不仅能使你的工作井井有条地进行，在不占用过多思考时间的同时，又可以很快地完成重要的工作。

伯利恒钢铁公司总裁查理斯·舒瓦普先生会见效率专家艾维·利，希望艾维·利帮助他更好地把制订的计划付诸行动。艾维·利说他可以在10分钟之内给舒瓦普一件东西，这东西能让他的公司业绩提高至少50%，然后递给舒瓦普一张白纸，说："把你明天要做的六件重要的事情写在这张纸上，并用数字标明每件事情对你和公司的重要顺序，专心致志地做第一项

工作，直到最终完成为止，然后再做第二项、第三项……直到你下班为止。倘若你完成了五件事，那也不用担心，因为你总是在做最关键的事情。”

艾维·利叮嘱舒瓦普：“每天都要这样做，直到你对这方法深信不疑之后，告诉你的人也这样做。这个实验你愿意做多久就做多久，然后你再给我寄支票来，你认为值多少就给多少。”

几个星期后，舒瓦普给艾维·利寄去了2.5万美元的支票，还附了一封信，信上说，从金钱的观点来看，他上了这一生中最有价值的一课。

五年后，舒瓦普当年那个鲜为人知的小厂一跃成了世界上最大的独立钢铁企业。其中，艾维·利提出的办法功不可没。

工作要讲究方法。当你在做一件事情之前，做一份完整的计划，那么你一定能更加迅速、顺利地完成，即使困难重重，你前进的脚步仍会清晰明确，直到成功。

## 快乐工作不能缺少热情

工作热情是一种洋溢的情绪，是一种积极向上的态度，更是一种高尚珍贵的精神，是对工作的热衷、执着和喜爱。它是一种力量，使人有能力解决最艰深的问题；它是一种推动力，推动着人们不断前进。

比尔·盖茨说：“每天早晨醒来，一想到所从事的工作和所开发的技术将会给人类生活带来的巨大影响和变化，我就会无比兴奋和激动。”比尔·盖茨的工作激情让他创造了一个高科技网络时代，他本人也成了这个世界举足轻重的人物。他的

热情感染了微软，也感染了整个世界。

微软公司宁愿任用曾经失败的人，也不愿要一个处处谨慎却毫无建树的人。微软在对应聘人员面试时有一个名为“挑战”的秘密测试武器。“挑战”的最早版本出现在口头进行的斯坦福·比奈智商测试中，测试的人可能会给出无标准答案的公开试题，例如在不使用秤的情况下，怎样称出一架喷气式飞机的重量？答案显然不是唯一的。如果被测试的人不断地改变答案，那么得分为零。只有在被测试者利用逻辑为自己的答案进行辩护，并连续挫败两次“挑战”时，答案才会被认为是正确的。在整个面试过程中，考官会引导应聘者说出一些完全肯定、毫无争议的正确答案，然后说“等一下”，故意和他唱反调，直到他们能够充分证明自己答案的正确性为止。没有激情的应聘者会选择放弃，而这样的人也绝对不会被录取。

因为一个有激情的应聘者会始终坚持自己的立场，这样的人才才能成为企业财富的创造者。

一位微软人说：“没有这种热情，你在和客户交流的时候就很难说服他们。这种热情就来自于某种内在的东西。在微软工作，热情与聪明同等重要。”

美国经济学家罗宾斯认为，人的价值=人力资本×工作热

情×工作能力。一个人如果没有工作热情，那么他的价值就是零。工作热情不是课堂上老师教的，也不是书本上写的，更不是父母天生给的。它是对事业、对工作的高度热爱，对社会、对他人的一片赤诚，对业务、对知识的无限渴求，对人生、对未来的美好憧憬，是以愉悦的心情去创造、去拼搏的动力。

当你无法在工作中找到激情和动力时，请重新思考你所从事的工作的神圣与伟大。任何工作都有它自身的神圣与伟大。假如你做了多年的教师，很有可能对整天和小孩子、粉笔打交道而厌烦；假如你是医生，很可能对患者的痛苦和患者家属的愁容无动于衷。公事公办式的职业道德在你眼里可能是可笑的，你可能会想，老板给我涨点薪水可能就会改变我的工作态度。其实，这时你缺少的不是薪水与职位，而是工作的激情。

许多人在刚刚踏入职场之初，干劲十足、激情高涨，对自己的职业前途寄予厚望。但用不了多长时间，工作的平淡就会磨平他们的工作激情，他们就会觉得自己像个机器人，每天重复着单调的动作，处理着枯燥的事物。他们每天想的不是怎样提高工作效率、提升自己的业绩，而是盼望着能早点下班，期望着上司不要把困难的工作分配给自己。每当工作中出现不顺心的事，就会“鼓励”自己换个工作环境，然而每一次跳槽的

结果都不尽如人意。他们要想摆脱职业困境，跳出这一怪圈，就必须想办法找回工作激情。

培养工作激情需要做到两点：

首先，必须明确工作的目的。知道自己在为了什么而工作是非常重要的。如果是为了理想，为了展示自己实实在在的价值，被他人和社会认可，为了没有白活一生而工作，而不仅仅是为了一份薪水而工作，那样就会感到快乐，感到工作总是有激情的。

其次，需要分阶段给自己确定目标。人们往往只在爬坡的时候，才会感到干劲十足、充满激情。当爬上山顶的时候，反而觉得迷茫。所以，人们需要不断地给自己树立新的目标，这样工作起来才会有方向、有动力、有奔头，才有助于保持高涨的工作热情。

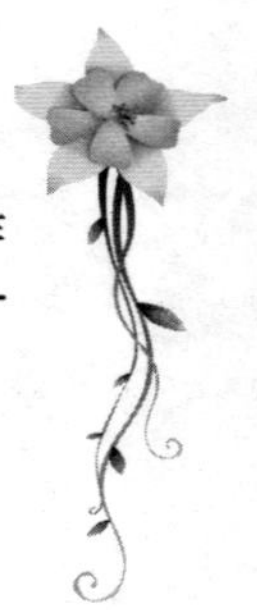

# 摆正你工作的态度

任何事业上的成功与失败，都是由心态决定的。如果一个人可以用全力工作来消除工作中的疲劳，那么，你就掌握了走向成功的秘密。

在一座山下有许多工人，他们正在安装炸药，几分钟后一次爆炸，他们围了上去举着大铁锤一次一次地敲打着大石头。

爱特是一家集团的总裁，他刚好开车经过这座大山，看着那些敲打石头的工人忍不住下车问道："你们正在做什么？"

爱特的声音并没有传多远，只有离他很近的四个工人听到了，第一个回答说："我们正在搞破坏。"

第二个工人回答说："还能做什么，敲碎这些破石头换钱呀。"

第三个工人回答道："打工赚钱。"

第四个工人对爱特说："正在建设我们美好的家园。"

爱特对第四个工人的回答非常满意，几天后他聘用了那个工人到公司上班。因为他知道那个工人，总有一天会成就一番大事业。

许多年后，爱特退休了，接任他总裁位置的正是那个回答"正在建设我们美好家园"的工人。

成功学权威陈安之说："不管做什么工作，一定要快乐，一定要享受过程。"

在美越战争时，美国最高统帅魏摩尔将军在检阅跳伞兵时询问伞兵们的感受。

第一位伞兵毫不犹豫地说："我爱跳伞！"

第二位伞兵也答道："跳伞是我生命中最重要的体验！"

统帅很高兴，觉得部队士气高昂。

到了第三位伞兵，他却说："我不爱跳伞！"

顿时，气氛变得沉闷。统帅非常不解地问："那你为什么

选择当伞兵呢？”

人们也许以为伞兵会说因为“生活所逼，迫不得已”之类的话，但这位伞兵接下来的一句话让统帅非常满意——“我正在试着努力去热爱！”

这样的态度才是最真实，也是最好的态度。试图让工作变得有意义，不论从事什么样的工作，都会感到快乐和幸福。

假如你排斥工作，讨厌它，很简单的事都会变得烦琐无趣。当你始终觉得这个工作很累时，会进入一种恶性循环，结果会觉得身心疲惫、精疲力竭。

全球第一位亿万富翁洛克菲勒是这样说的：“如果你视工作为一种乐趣，人生就是天堂；如果你视工作为一种义务，人生就是地狱。”

这位大富翁就是一位非常喜欢自己所从事的工作的人，他善于变化自己的思想，在工作中寻找快乐。他做什么事情都是完全投入，专心致志，对工作倾注了极大的兴趣和精力，理所当然地，他的事业也获得了成功。

每个人都想学以致用，干一些自己想干的事情。可是生存的过程是充满荆棘的，会有很多不如意。在现实中，我们总是有对自己的工作没有兴趣的感觉，或许会认为自己的工作让我

们提不起兴趣，不和谐，甚至背道而驰，每天我们都很勉强自己，与这份工作较劲。可是，你想过没有，工作是死的，而人是活的，为什么要让工作来适应我们，我们却不能找到工作的乐趣呢？与其在工作中苦闷，不如释放心情，坦然面对，轻松地寻找工作中的快乐。抛开烦恼，你会惊奇地发现事情在往好的方向发展，比预想的结果还要精彩。

## 不要挑剔

很多人都会因为对工作不满意而整日发愁，这种心态严重影响了人们快乐的生活。挑剔工作就是一种对工作不满意的表现。很多人都会用这种方法来宣泄情绪，用这种方式表现出自己对工作的不满。其实，这样做对自己是全无好处的，不仅会使自己对工作失去兴趣，对完成工作也有着很大的影响。

挑剔会使你变得令人讨厌，无论同事还是领导，乃至是你身边的每个人，都会因为你的挑剔而对你产生排斥心理，因为你这样做，往往会造成对别人自尊的伤害。当别人满怀喜悦地将一件事情，或是一样东西交给你的时候，你却对此始终都在

挑剔，这就是一种对人不尊重的表现。那么，在人人都对你感到反感的同时，身边的人就会渐渐离你而去，你的人生就会很孤独，你便无法顺利地工作，快乐地生活。

那些对很多事情喜欢挑三拣四的人，一定是一个不能为大局着想的人，他们心中始终都会有自己的如意算盘，时刻都在盘算着如何用最小的工作量来换取同样或更多的报酬。为了达到此目的，他们甚至不会在乎任何人的感受，只要自己得到了满意的结果，其他的似乎已经跟他们没有了一点关系了。

任何一件事情的完成都是由很多部分组合而成的，而每部分工作的轻重和难易程度不可能完成相同，一个对工作保持乐观的人，他在意的是如何完成属于自己的那部分工作，而不会在意所承担事情的轻重、难易和大小，更不会因此而挑三拣四。看看那些始终工作得很快乐的人，他们往往会喜欢接受艰巨充满挑战的任务，虽然知道自己一定会付出比别人多的努力，虽然知道期间会付出很多辛苦，可他们还是会积极地接受，因为他们深知，只有这样才能体现出自己的工作能力，磨炼出更加坚定的意志，为以后赢取快乐和幸福奠定更加牢固的基础。

**维斯卡亚公司是20世纪80年代美国著名的机械制造公司，**

公司的产品销往了世界各地，代表着当今重型机械制造业的最高水平。在那个年代的年轻人毕业后都以能到这家工作为荣。可要想进入这家公司工作是一件非常困难的事，许多人前去应聘都被公司以技术人员已满的理由一一拒绝了。但是令人垂涎的待遇和足以自豪、炫耀的地位仍然向那些有志的求职者闪耀着诱人的光环。

史蒂芬是哈佛大学机器制造业的高才生。和许多人的命运一样，史蒂芬在该公司每一年的用人测试会上都被拒绝申请，尽管如此，史蒂芬也并没有放弃，他发誓一定要成为这家公司的一名正式员工。

为了实现这一目标，史蒂芬首先找到了该公司的人事部，恳求其给自己一个无偿实习的机会，无论分派给什么样的工作，他都会不计任何报酬来完成。如此的真诚打动了有关负责人，于是便分派他去打扫车间里的废品。在今后的一年当中，这位毕业于哈佛大学机械制造的高才生每天都重复着这种没有一点技术含量又非常辛苦的工作。

领导对这个年轻人的所作所为感到非常敬佩，公司里的

很多人对史蒂芬的态度都非常好，可尽管如此，仍然没有任何提到录用他的问题。不久，因为经济衰退，公司的很多订单都被退回，理由均是产品质量有问题，因此公司受到了巨大的损失。为了挽救当时的不利局面，公司董事会召开紧急会议商议解决方案。

对于史蒂芬来说，机会终于来了，他提出要直接见总经理。史蒂芬对产品质量问题出现的原因做出了令人信服的解释，并就工作技术上的问题提出了自己的看法，随后拿出了自己对产品改造的设计图。当人们看完史蒂芬的设计图后感到非常吃惊，此设计不但保留了原有产品的优点，同时也克服了以往的弊病。总经理及董事会的董事见到这个编外清洁工如此精明在行，便询问起他的背景及现状，当了解了史蒂芬的用心良苦后，当即聘史蒂芬为公司负责生产技术问题的副总经理。

挑剔不但会使人们的情绪变得糟糕，很多时候，还会因此而错失发展机会。因为你的挑剔，别人会觉得你是一个高傲的人；因为你的挑剔，别人会觉得你不可理喻。任何人都不喜欢和一个挑剔的人相处，因为他总是给人带来一些不必要的烦恼。无论工作还是生活，我们都要坚决杜绝挑剔，这种行为是

令人讨厌的，它必定会给我们带来很多烦恼。铲除挑剔，热情面对工作，这样我们才会得到领导以及身边人的支持，才能与周围人和谐相处，从而为自己赢得成功的机会。

## 踏踏实实地工作

在工作中，我们一定要踏踏实实地做好自己的工作，不要异想天开。人会贪婪，但连张复印纸都贪婪的人，我都不好用什么词语来形容，这有好什么好贪婪的。桌上放个10块钱，估计就会被顺手掉。我们觉得老板比我们舒服，老板觉得我们舒服，下班就结束，自己晚上还要去应酬，与大客户们联系，付出的也很多。所以我们没必要羡慕老板有车有房，因为你没那驾驭能力。自己的工作，你看不起的话就不会认真工作，不认真工作就会嫉妒别人拿的工资高，然后不满情绪就来了，最后恶性循环，导致自己不想干此工作，再换，也还是这样。认真

工作，全力以赴，我们才能得到回报，才会让自己过得放心。

有一家公司的老总长着一双色迷迷的眼睛，这让不了解他的人产生误解。不过，公司里的老职员都了解他的为人，知道他是个非常正派的老板。

前不久，公司新来一个女孩叫苏珊，年轻靓丽。苏珊初来乍到，做事非常勤快，嘴也很甜。她的到来，令过于刻板严肃的工作氛围仿佛吹进了一股清新的风，让办公室里的每一个人都觉得焕然一新。

苏珊的能力不错，慢慢地也能独当一面了。但是，和大家闲聊时，苏珊总觉得老总对她不够热情，好像她并不存在似的，心里委屈得很。当她知道公司一些女职员受到老总重用时，她的心里更是像打翻了五味瓶般的不是滋味。她一直问大家怎样才能打动老总，大家实话实说，要受到重视最好的方法是兢兢业业地工作，努力自然会有回报。

可是，苏珊显然不满足按部就班地发展。一天下班后，苏珊拎着丰盛的礼物敲开了老总的家门，却没料到老总没有收员工礼物的先例。吃了闭门羹的苏珊又琢磨下一步的对策。

老总不爱钱财，苏珊联想到老总有一双“不怀好意”的

眼睛，就通过电子邮件约老总看电影、喝咖啡，可惜都被老总一一婉拒了。

后来，老总无奈地要解雇苏珊。她不明白，托人问起此事，老总说："现在的女孩啊心思都想歪了，想在公司发展却总爱走歪门邪道。其实，真正要获得成功还是靠自己脚踏实地的努力。"

老总的话让苏珊彻底醒悟，并且更加尊重他了，因为她不经意间学到了不少东西……

工作没有捷径，只有苦干才能走向成功。学习是这样，工作同样是这样。99%的汗水加1%的灵感等于成功。这是爱迪生的话。有人问牛顿，他是怎么发现万有引力定律的，他回答说，我一直都在想这件事。关于这方面的故事有很多，从小开始，我们接触的教育就是从努力开始的。在家中，父母告诫我们学习要努力；在学校里，老师也会告诉我们，要努力才能考得上大学，上了大学才会出人头地。

今天，在工作中很少有人会告诉你，要努力，只有自己不断提醒自己，要努力干，才能得到自己所想要的。

以前有一个国王，发布诏书，要求把全国所具有的智慧、哲理编辑起来，三年时间后，这些智慧和哲理共计有十本书之

多。国王认为太烦锁，于是精简到一本书，还是不够精练，于是又精简到一页，国王还要求修改，最后只剩下一句话，这句话就是：“天下没有免费的午餐。”所以，不断提醒自己努力的人最终都成功了。即使不是百万富翁、千万富翁，他的生活也是富足的。吃得苦中苦，方为人上人。

所以，只有努力苦干，才会有收获。

## 要做你最擅长的事

或许你一面对那些复杂的几何图形就感到头疼不已，但是你却有天生的巨大臂力。或许你和爱因斯坦一样只能制作“世界上最糟糕的小凳子”，但是你却有一副动人的歌喉。或许你的演讲口才差一些，甚至紧张的时候还会结结巴巴的，但你写小说、诗歌却是能手。或许你一面对那么多的英文单词和语法就头脑发木，但你在处理事务方面却有特殊的本领。或许你不善于体育项目，但是你的棋艺却是非同寻常。如果你能够冷静头脑，对自己做一个正确的分析，从而认识到自己的长处，扬长避短，认准目标，把一件事情或是一门学问刻苦认真地做下

去，久而久之，自然就会取得丰硕的成果。用心去做你所擅长的事，你终会取得成功。

皮尔·卡丹曾经这样对他的员工说：“如果你能真正地钉好一枚纽扣，这应该比你缝制出一件粗制的衣服更有价值。”历经商海沉浮、东山再起的风云人物史玉柱也曾这样说过：“一个人一生只能做一个行业，而且要做这个行业中自己最擅长的那个领域。”

可以说，人生的诀窍就是经营自己的长处，找到发挥自己优势的最佳位置。你所经营的是自己的长处，就能使你的人生增值。反之，你所经营的是自己的短处，则会使你的人生贬值。正如富兰克林所说的那样：“宝贝放错了地方便是废物。”

英国著名诗人济慈，原本是学医的。一个很偶然的机会，他发现了自己写诗的才能，于是当机立断，把自己的整个生命投入到诗歌创作当中去。虽然他只活了二十几岁，但他所创作的许多不朽诗篇却永远为人们所传诵。马克思在年轻的时候曾梦想做个诗人，而且为了这个梦想他也曾努力地去创作过一些诗歌，但他很快就发现自己的长处并不在这里，便毅然放弃了做诗人的梦想，转到社会研究上去了。试想，如果这两个人都不善于经营自己的长处，如果他们两个人都不能正确地认识自

己，那么英国至多不过增加了一位蹩脚的医生，而在国际共产主义运动史上，则肯定要失去一颗最耀眼的明星。

约翰·梅杰，47岁登上首相宝座，他是英国近百年来最年轻的首相。然而，天赋异禀似乎和少年梅杰贴不上边，青年时期的梅杰仍旧没有表现出超强的过人之处。在他16岁时因成绩太差而退学，后来在报考公共汽车售票员这一职位时，又因心算能力差而未被录取。看到这些，你也许更加想不通了，这样一个连常人能力都不及的人后来怎么当了首相呢？对此，梅杰在他的个人自传中是这样说的："首相不是售票员，用不着会心算。"由此我们可以看出，一个人事业成功与否，在很大程度上取决于其能否经营自己的长处，扬长避短。

一个公司的中层干部，在企业的改制过程中受聘担任公司的总经理。但是，公司经营状况每况愈下，使他不得不辞去职务。他为何会失败呢？事实上，这完全是他没有清醒地认识自己的缘故，他只是简单地以为总经理这个职位有很高的地位，工资又高，而且又人人想当，却没想到总经理有总经理的职责，他没有衡量自己的能力就盲目地接受了，所以失败也就在所难免了。

**在许多年前，日本精工株式会社在纽约雇用了一个美国人**

当门卫。这个门卫精明、干练，很快社长觉得让这样一个人只是做门卫实在是太可惜了。

一天，社长把这个美国门卫叫到他的办公室里对他说：“基于你的表现，现在我想提升你为办事员。你的薪金也可以相应增加一些，不知你的想法如何呢?”

门卫先是默不作声，过了一会儿，出人意料的回答从他的嘴巴里传了出来：“难道我做错什么事情了吗？我干门卫已经有十五个年头了。公司为什么要把我宝贵的经验一笔勾销，让我去面对我所陌生的工作呢？我认为这是对我无理的侮辱。”

或许你会对此感到疑惑不解，在你公司的同事中有多少人都在翘首等待着升职、加薪的机会，但这位门卫却主动拒绝了升迁的机会，难道是他不喜欢更高的职位和更多的薪水吗？当然不是。这个门卫无疑是清醒的、理智的，他觉得自己适合干的就是门卫的工作，于是他把自己定位在门卫这个位置上。

所以说，人贵有自知之明，每个人都应当对自身有一个清醒的认识，对自己在社会工作生活中可能扮演的角色有一个明确的定位。不同的人会有不同的职场定位，知道自己擅长干什么、不擅长干什么，才能逐步走向成功。正如比尔·盖茨所

说：“知道自己究竟想做什么、知道自己究竟能做什么是成功的两大关键。”

# 别为了薪水而工作

在不少人眼里，薪水（工资）是他们工作的全部目的，“给我多少工资，就干多少活”“不是自己分内的事一律不干”。短期看来，这些“精明人”的确没有吃亏。但从长远来看，他们却没有看到在工资背后深藏的更为珍贵的东西：工作给予你锻炼、训练的机会，工作提升你的能力，工作丰富你的经验，在工作中你将逐渐健全自己的品格、提高自己的职业道德，所有的这一切都是你将来薪水提高和职位提升的最充分的铺垫。那种“短视”的“等价交换”想法“我为公司干活，公司给我工资，我对得起自己的工资”，使他们错失了许多机

会。这其实是现代版的“买椟还珠”，你是拿到了和你劳动相对应的薪水，但你却因此失去了自己的前途和信心。

有人说过这样一句话：“拿多少钱，做多少事，钱越拿越少；做多少事，拿多少钱，钱越拿越多。”细细品味，这话是很有道理的。如果你选择了前者，你的钱只会越拿越少，这就是你为工资而工作的结果。你当真愿意你的工资越拿越少吗？如果你不愿意，你就要确立工作第一的态度：千万不要只为了工资，也就是薪水而工作。

有一个年轻人，他在一家公司工作已经整整三年了，可是主管对于他的薪水却没有丝毫的增长。面对这种情况，他实在难以容忍下去了。终于，他鼓起勇气对主管说：“我在这儿工作的时间已经很长了，按照常规，我的工资早就该有所增加了，可是为什么我的薪水没有提高呢？”主管乐呵呵地听完眼前这个满腹怨言的年轻人说完，并没有急于解释些什么，他只是轻声地反问说：“你觉得现在的你和刚进公司时有什么两样吗？”年轻人一时哑口无言。

或许你会觉得这个主管太过苛刻，但是换一个角度去思考这个问题，我们又可以推断出那个年轻人本身一定存在的问

题，否则在公司供职长达三年的时间，个人能力却没有得到丝毫的提升，这正是主管不给他提高薪水的原因吧。

诚然，我们工作是为了薪水，但工作绝不能只为了薪水，我们一定要清晰地认识到这一点。如果一个人只是为薪水工作，而没有更高尚的目的，这实在不是一种明智的选择。在实际工作中，我们不要过分地计较薪水的高低，即使当前薪水很是微薄，也不要认为这与你的付出是不成正比的，从而对工作敷衍。如果你怀有这样的想法，那么受害最深的倒不是别人或你供职的公司，而是你自己。

就像在我们周围经常听到有人这样说："我现在不过是在为别人打工而已。为老板干活儿嘛，能混就混。如果我是老板，我自然会更加努力。"但是，事实往往并非如此。

马克头脑机灵，颇具才华，他就是常常怀有这样的想法，因而对待当前的工作漫不经心。一年以后，他终于辞职开始了自己的独立创业历程。但是不过半年，他的公司就宣告倒闭了。

出现这种结果，想必也是意料之中的事。试想一个人如果曾经对待工作漫不经心，那么这种习气也必将影响到他的今后并且很难改变，无论他从事何种行业，或是自己当老板，失败也是不可避免的。

但是，众多初涉职场的年轻人却不这么认为。他们对工作的意义并没有足够的认识，在他们看来工作只不过是一个谋生的饭碗而已。其实，他们不明白老板支付的报酬固然是金钱，但你在工作中给予自己的报酬，却远远比薪水要珍贵得多。

不要只为了薪水而工作，一名卓越的员工一定要认识和做到这一点。否则的话，就会因为将眼睛紧盯着工资而封闭了自己的视野，就会在无形中将自己困在只装着少许工资的信封里，从而将人生最有价值的东西丢失了。

霍华德先生的职业生涯可谓一帆风顺，短短两年时间他就连升三级。在谈及成功经验时他说："这其实也很简单。在我初入公司的时候发现，每天老板都工作到很晚。并且在这段时间内，他经常寻找一个人能够帮他做些重要的事务。于是，我就决定下班后留在办公室内，看看是否能够提供任何他所需要的帮助。就这样，时间久了，老板就养成了有事首先叫我的习惯。"

霍华德先生这样做是为了薪水吗？当然不是。事实上，他的确是没有获得一点物质上的奖励。但是由于他的付出，他得到了老板的赏识和一个成功的机会。也正因为如此，他的职业生涯才能在短短的时间内就获得了巨大的成功。

美国钢铁巨擘查尔斯·迈克尔·施瓦布说："如果对工作

缺乏热情，只是为了薪水而工作，很可能既赚不到钱，也找不到人生的乐趣。不论你选择的事业能够为你带来多么微薄的报酬，只要你用满腔的热忱去全心投入，必然能够开创崭新的局面，每天工作的时候自然都会感到充实快乐。金钱不过是增添人生风味的调味品而已，不要被钞票牵着鼻子走。”

IBM前营销总裁巴克·罗杰斯曾经这么说过：“我们不能把工作看作为了五斗米折腰的事情，而必须从工作中获得更多的意义才行。我们要从工作中找到尊严、乐趣、成就以及和谐的人际关系。”

生活中，我们每个人都需要钱，这是毋庸置疑的事情。但是，工作又绝对不仅仅是我们为了获取薪水谋生的手段，而是我们用生命去做的事情！世界上最卑微的员工，就是那些只为了薪水而工作的员工。

# 第六章 为谁而工作

# 工作是每个人的需求

在我的工作经历中，经常会有一些朋友和同事问我：“你是如何对待自己的工作的？你对工作有什么样的看法和理解？”对于朋友们的提问，我是这样回答他们的：“我认为无论我们从事什么样的工作，都应该是快乐和成功的，这就是我在工作中产生的力量。”

事实如此，看看那些比较成功的企业领导者，他们在管理员工的过程中总是在强调一点，就是每个员工在工作中都要经历一个蜕变的过程：从一个普通人变成一个不普通的人。如果能做到这一点，那么，他就成功了一半。另外，在这种蜕变的过程中努

力增加自己的新特征，也会使自己获取更多的成功机会。

所有的工作都是没有捷径的，只能苦干加巧干才能取得成功。99%的汗水加1%的灵感等于成功。

《为自己奋斗》一书的作者韩娜，她所从事的工作是一种具有挑战性的工作，但是在与她共事的日子里，我从她身上感受到了许多快乐。在她的新书《为自己奋斗》出版发行那天，有些同事问她：“你的工作任务非常重，而且又是具有如此的挑战性，为什么你总是充满欢乐呢？”

韩娜没有直接回答大家的问题，而是给大家讲了一件发生在她身上的事。她对大家说：“在两年前，我进入了一家企业，到这家企业不久，我就发现了一个奇怪的现象。在这家企业里，员工没有任何快乐可言，那里的办公环境总是死气沉沉的。人生活在那样的环境里，就好像进入了一个冰冷的世界，给人感觉四周没有生气，死水一潭，员工整天无精打采的。面对这样的工作环境，我总是在不断地问自己：这是什么原因造成的呢？后来，我慢慢地了解到造成这种状况的原因是大家认为自己所从事的工作是全公司最脏最累的，每个员工到了这个车间都认为自己很不走运。

出于这点，我认为无论面对什么样的环境，都要快乐，于是我就努力地使自己快乐起来，我需要给人一种充满活力和朝气的感觉。我时不时地向他人打招呼，甚至还不时地唱歌。

“韩娜，你为什么这么快乐呢？”这是我的主管在某一天向我提出的问题。

我微笑着对他说：“我为什么不使自己快乐呢？因为我喜欢和热爱这个工作岗位。”

慢慢地，我的这种行为感染了身边的同事，他们也慢慢地快乐起来了，使这个没有任何生机可言的办公环境变得活跃起来，他们都从工作中享受到了无穷乐趣。

我的老板看到这种状态很感动。他把我的言行作为公司的一种企业文化来宣传。他也信心十足地认为，即使我在他的公司里没有得到职位的提升，也没有比其他同事多挣一分钱，但是我所得到的却比其他同事多很多。因为我拥有的欢乐、欢欣和愉悦，是我的同事所不具有的，何况好心情还有利于心理健康呢！

有很多刚刚参加工作的年轻人整天无精打采，毫无工作与生活的乐趣，他们怨工作的无聊和人生的不幸。为什么他们

会这样的悲观呢？主要原因是因为他们正做着自己不感兴趣的事。还有一些人有不错的学识，因为他们所从事的职业与自己的才能不相匹配，结果他们对自己的工作不感兴趣，久而久之，就失去了原有的工作能力。

如果我们所选择的职业与我们的志趣相投合，我们就不会陷于失败的境地。我们一旦选择了真正感兴趣的职业，工作起来就会精力充沛、全力以赴，而决不会无精打采、垂头丧气。同时，一份合适的工作还会在各方面发挥我们的才能，并使我们迅速进步。

从人生的角度看，无论我们出身于名门望族，还是普通平民；无论是公司的上层人物，还是最普通的一员，我们都不要看不起自己的工作。因为工作就是我们几十年职业活动中所追求所依赖的东西，只有我们热爱自己的职业，我们才能热爱自己的生命。所以，我们一定要把工作当成人生中最有意义的事，把与同事共处看成是一种缘分，把与顾客、合作伙伴的会面当作一种乐趣。

只要你从工作中找到乐趣并热爱它，你就会变得快乐起来，感觉工作不再是一件苦差事。看看那些成功者吧，他们的快乐来自哪里？他们的快乐来自于工作。在他们的心中，始终

认为他们能在工作中找到乐趣，并能把这种快乐传给别人，与别人共同分享。在他们的工作哲学中，始终认为乐观的人生是蓝色的，悲观的人生是灰色的。因此，一个能够把员工的欢乐情绪调动起来的组织，它给员工的工作环境始终是一片蓝色的海洋，因而也就能培养一批批乐观向上、生命力强的人。他们崇拜自己的职业，尊重自己的选择，并且有一个必然成功的信念！因此对他们来说，每当接受一个新的工作任务时，他们都会从中获得快乐，再也不会把工作当成一种负担、一种压力。

# 工作不是人生的全部

谷歌前全球副总裁兼大中华区总裁李开复曾经说过：“我们生命的价值不在于拥有多少，而在于做了多少有意义的工作。”没错，工作是一个人生命的价值所在。

工作是上天赋予我们每个人的使命，它让我们在工作中一点点发掘自己的能力，一步步走向成功。

我们来到公司是为了什么？是为了工作，而工作又是为了什么？为了薪酬、为了成长、为了快乐、为了实现自己的价值。将一份工作做好，我们必须付出自己的努力，这样的努力使得我们能够展现自己的才华，提升自己的能力，磨炼自己的

性情。

一个人对工作的态度决定了这个人能否将工作做好，能否在工作上做出不错的成绩。如果我们总是将工作看成是一件不得不做的事情，总是感觉工作只有疲倦和辛苦，没有任何的乐趣可言，从来不珍惜自己的工作，带着这样的态度，工作能够成为我们发展自我的基石吗？我们能够在工作中做出伟大的成就吗？请你相信，工作本身是有美好价值的，试着怀着感恩的心，珍惜自己的工作，赞美自己的工作，在工作中去感受它带给你的荣誉感、满足感、价值感！

不仅仅是工作，任何事情都一样，唯有以火一般的热情去拼搏，通过不懈的努力，最终才能达到自己事业的巅峰。带着这样的热情去工作，无论什么样的工作，你都不会觉得辛苦。

英国哲学家约翰·密尔曾经说过：“生活中有一条颠扑不破的真理，不管是最伟大的道德家，还是最普通的老百姓，都要遵从这一准则，无论世事如何变化，也要坚持这一信念。它就是，在充分考虑到自己的能力和外部条件的前提下，进行各种尝试，找到最适合自己做的工作，然后集中精力，全力以赴地做下去。”

在对工作和企业的认同感上，日本人可以说做得非常好。

日本的员工总是能够将工作看成是个人能力和价值的体现，将工作责任视为自己生命的一部分，正是这样的心态使得他们能够始终保持一丝不苟、勤勤恳恳、任劳任怨的工作态度；始终保持不断增长才干、提高自身能力的愿望。

日本钢管公司的社长河田重说："我认为无论在何种岗位，承担何种工作，若能开阔视野，好好学习，任何工作其本质都是一样的。"只要在自己的岗位上不懈努力，认真踏实地工作，那么，我们就一定能够在工作中尽情施展自己的才华，获得成长和晋升的机会。

美国哈佛大学做过一个有趣的心理调查，调查者给每一位调查对象打电话，询问对方一个最简单的问题。下面是一位调查者和一位调查对象的对话过程：

"您好，请问您现在正在做什么？"调查者问。

"上班啊！"对方是一位先生。

"上班的感觉如何？"

"没意思，枯燥乏味，毫无乐趣可言，简直闷透了！"

"那您觉得做什么事情才更有意思？"

"下班后，我可以和同事一起去酒吧，喝酒、跳舞、聊

天，多快活！”

两个小时以后，调查者又打电话给这位先生：“先生您好，请问您现在在做什么？”

“和同事在酒吧喝酒。”

“现在的感觉怎么样，比上班感觉好多了吧？”

“有什么好啊！虽然可以尽情喝酒、肆意聊天，可是大家聊的话题我不感兴趣，很无聊，我想去找女朋友可能会更好些吧。”

一小时以后，调查者又打通了那位先生的电话：“先生您好，请问您现在和女朋友在一起吗？现在的感觉怎么样？比刚才在酒吧好多了吧。”

对面传来丧气的声音：“唉，别提了，真让人受不了！刚才我和女朋友在一块儿，恰巧一位女同事打电话来询问一件工作上的事，可是我女朋友竟然怀疑我和她之间有什么不清不楚的关系，一个劲儿地盘问我，真是烦死人了。我这就回家休息，还不如睡个懒觉痛快！”

晚上调查者又打通了这位先生的电话，“先生，您好，在家的感觉怎么样？很自由惬意吧。”这位先生烦躁地说：

“唉，更没意思！电视台调来调去一个喜欢的节目也没有，家里的杂志、报纸该看的也都看了，真是无聊！我想，还是上班的时候最开心了，跟同事们一块热火朝天地工作，真有一种满足感！从明天开始，我要努力工作了！”

工作本来是一件美好而有价值的事情，不管什么样的工作，都有它的美丽之处和充满魅力的地方，而如果我们将工作看成一件苦差事，抱怨、厌倦，我们自然无法体会到它的乐趣，也无法体会到工作中的美。而如果我们带着愉悦而感恩的心情，认真地工作，我们不仅能够感受到工作的快乐，更能在工作的过程中体会到工作的价值，体会到生命的价值。感受到工作带给我们的真正意义上的享受和满足。

有一天，一位教授在郊外散步，迎面走来一位警察，愁眉苦脸，情绪非常低落。教授好心问他：“你怎么了？发生了什么事情让你这么愁苦不堪？”

警察叹了口气，回答道：“唉，我每天不停地巡逻，从早晨到晚上，每天却只有10美元的酬劳！这样的工作简直就是在浪费我的青春和时间！”

这时候，又过来一位扫大街的清洁工，一边哼着歌一边推

着三轮车，教授觉得这个人非常快乐，就问他："你每天辛苦工作，一天下来能有多少收入？"

这位清洁工回答说："2美元。"

教授又问他："你辛苦工作一天才拿到2美元的酬劳，为什么却这么快乐？"

这回清洁工惊讶了，他说道："为什么要不快乐呢？"

这时候，警察带着鄙夷的神情说："只有垃圾才爱干垃圾的工作。"

教授看着警察，严肃地说道："警察先生，你错了，虽然他的工作是扫大街，但是这份工作让他很快乐；而你呢，被每天被自己的工作奴役着，相比起来，他的人生比你的更精彩！"

一份工作能否使我们快乐，不在于工作本身，而在于我们的心境和心态。正像上面故事中的警察和清洁工一样，每天在外辛苦清扫垃圾的清洁工可以很快乐地工作，而有着相对体面的工作，每天巡逻的警察却了无生气、愁眉苦脸。

在人的一生中，工作可以说占去了三分之一的时间，工作是一个人实现自我价值的基石。在我们有限的生命里，谁能够在工作上获得更大的成就，谁就能够创造更多的自我价值，从

而使自己的生命也更加多彩！

西点军校将军戴维·格立森曾经说过：“要想获得这个世界上的最大奖赏，你必须拥有过去最伟大的开拓者所拥有的，将梦想转化为全部有价值的献身热情，以此来发展和展示自己的才能。”

请相信自己，生命的潜能是无限的，只要我们愿意去发挥，愿意去开拓，带着我们满满的热情，那么我们就一定能够获得人生的巨大成就。

英国作家卡莱尔在谈到工作时曾如是说：“能找到工作的人是有福的，愿他此外不再祈求别的福祉。一个人生来就有许多欲望，能满足欲望的正当途径是工作；一个人总想追求生命的价值，只有工作才能体现他生命的价值。一个人通过工作进入社会交往领域，找到适合自己才能的工作，他就成为被别人需要的人，一个人被别人所需要的人，他就有活着的充分理由。运动创造了宇宙，劳动创造了所有生物，而创造性地劳动创造了人。”

“认识你的工作，并且努力去做，因为工作里面有一种垂之永久的高尚之处，甚至神圣之处。工作就是生命，一旦工作开端得当，一个工作者从他的内心深处是会迸发出天赐的力

量，那种全能的上帝所嘘入的超凡入圣的生命精华；从他的内心深处，他是会被引入到一切高尚之境、一切知识之境，不管是‘自我知识’，抑或是更多其他知识。”

能工作是一种幸福。当我们和家人享受温馨浪漫的时候，我们应该感谢工作，是工作使得我们获得不错的酬劳；当我们在工作中取得进步，获得成就的时候，我们应该感谢工作，是工作给了我们实现自我价值的机会！工作本身就是让人幸福和快乐的，我们应该懂得享受这份快乐，珍惜这份幸福！

生命是我们存在这个世界上的有力载体，没有了生命，我们也就无法感知这个世界美好的一切。而生命的价值就在于工作，在于我们做了多少有价值的工作。所以要珍惜生命，生命是一个人成长的根基，一个人发展的前提。只有珍惜生命，感恩生命，我们才能回报父母，回报造物主。而珍惜生命的极好方式，就是踏实、勤恳地工作，因为工作让我们的生命变得有意义、有价值，让生命变得精彩！

## 你到底在为谁工作

从早到晚，一天天、一年年，忙忙碌碌、辛辛苦苦，小心谨慎，不肯有一丝懈怠。工作，除了工作还是工作，我们把生命中的一大半时间都给了工作，而留给我们自己和我们生命中最重要的部分——与亲人相处的时间却少到几乎没有。我们这样工作究竟是为了谁，难道仅仅是为了自己的生存，还是为了给别人创造更多的财富？

到底在为谁工作？

我想这个问题大部分人都应该考虑过，答案应该有两种：一是为自己，二是为别人。那些乐观的人肯定会说是为了自

己，因为我们付出劳动收获维持生存的所需；那些消极的人则认为是为了别人，因为我们为他人付出了生命的大部分时间，而自己既收获不到多少物质，更失去了一生的自由。理由形形色色：公司不是我的，公司今后的发展好坏与否都与我无关；老板与我只是一种雇用关系，他只关心我所付出的多少，而我们永远不会成为志趣相投的朋友；我的待遇是固定的，我干多干少，干好干坏都是一个样；同事都这么做，我也这么做，我不想当出头鸟。看了这么多的理由，实质上归结于一点，那就是公司并没有为你提供一个有效的激励机制，所以就“做一天和尚撞一天钟”，至于钟撞得响不响就不管了。

这两种看法都是不全面的，而我认为两者都有。我们在解决自己生存问题的同时也给别人带来了财富，我们在为别人创造财富的同时也让自己获得了各种提升，实现了自己的价值。

第二种思想是一种消极的思想，事实上抱着这种思想工作的人都不会有什么成就。别人放弃你不要紧，如果你自己都把自己放弃了，那就彻底完了。诚然我们无法改变环境，但是我们却能够改变自己。

一天，主人在两辆马车上装满了货物，并分别让两匹马各拉一辆车。在路上，一匹马总是落在后面，还磨磨蹭蹭地走走停

停。主人便把所有的货物都搬到前面的马车上。而那匹原本磨磨蹭蹭的马一看自己车上的货物没有了，就步履轻快地前进起来，还对另一匹马说:“你就傻乎乎地干吧，总有一天累死你！”

等到达目的地以后，有人建议主人:“既然你只用一匹马来拉车，那就没必要养两匹马，不如只喂养那匹拉车的马，把另一匹宰掉，起码还能得一张皮呢！”主人听从了他的建议，就真的把那匹马杀掉了。

我们到底为谁工作？这匹不好好拉车的马的下场给了我们很好的答案，如果我们不好好工作，就会像这匹马一样被职场淘汰。一个总以为为别人工作的人在工作上肯定会消极倦怠，把工作看成是一种苦役，这样你就会不停地抱怨，逐渐产生消极抵触心理。如此一来，你的工作将很难做好。所以，停止你的抱怨，不要抱怨你的待遇太差，不要不认真工作，或者认为是在给老板工作，因而敷衍了事。实质上我们是在为自己工作，为我们以后的道路做铺垫。认识到我们是在为自己工作，意味着自我负责和自我激励。一个人只有自己对自己负责，自己激励自己进步，才能掌握自己的命运。这是最根本的问题，如果我们不愿意对自己负责任，不愿意督促自己进步，那将不

会再有任何力量能使我们在这个社会上站稳脚跟了。

不要总是抱怨你的工作，诸如加班、辛苦之类的，工作辛苦是必然的，世界上没有一份工作不是辛苦的，就算是总统、大王也都在说辛苦。随着工作时间的增长，对工作产生倦怠和麻木也是不可避免的，没有一个人可以非常肯定地承认自己对工作一如既往地充满热情而从不感到疲倦。因为我们不是机器人，而是血肉之躯，它会生病，也会衰竭。所以，重要的是一旦明白工作是为了自己时，这些倦怠便不会总是来骚扰你。我们无法控制工作如何，诸如工作量的大小、难度以及公司的要求等，但是我们可以做到控制自己，我们可以让自己在繁重的工作面前保持一颗平常心，使自己不以物喜，不以己悲。因为我们是为自己工作，这样一来，所有的重负都不再是负担，所有的压力也都不再是压力，而成了你向自己挑战的一个锻炼机会而已。

在一个图书出版公司工作的小雷，只是一个普通的策划编辑。每个月拿着相对较少且固定的工资，他的任务就是每个月策划几个选题，工作如果不出大的问题，他完全可以安逸地过下去。

但小雷与别的员工不同，当别的员工消极怠工的时候，他总是在一丝不苟地做着自己的事情，尽管这些事情未必能够为自己带来更多的薪水，但他懂得为自己工作的道理。与其上

网、聊天、玩游戏如此这般浪费时间，为什么不多思考一些问题，多学一些业务知识，多策划几个选题呢？

一般员工工作的时候只是完成老板的任务，他们认为，即使书畅销了自己也捞不到什么好处，何必那么费劲呢？而小雷却不这么认为，虽然捞不到物质上的好处，但能够得到业界的认可，得到读者的认可，这才是最重要的。如果你能够策划好一本书，以后无论走到哪儿都会得到别人的尊重。策划一本好书会给自己带来很多宝贵的经验，这些经验会直接影响着你的下一本书。在这样的观念影响下，小雷为公司做了很多好书、畅销书，为公司带来了很大的经济效益和社会效益。尽管小雷的工资一直没有上涨，但他并不后悔。同事都认为小雷这样做太不值得了。

突然有一天，公司的老总上调，由于时间匆忙不可能向社会公开招聘本公司的总经理，他前思后想，最终把总经理的位置给了小雷。这时候，同事都说小雷值了，因为他以前为公司赚的钱现在都成自己赚的了！

试想一下，如果小雷和其他员工一样也抱着为老板工作的态度，那么他现在的结果会有这么好吗？

著名策划大师王志纲把人才分成“自用之人”和“被用之人”。所谓自用之人，是自己了解自己，可以发挥潜力做老板，开创一番事业的人。所谓被用之人，是有突出的能力和专长，也就是职业经理人和专家。但无论是什么人，都必须是自我负责、自我激励的人，如果连自己都不能对自己负责，不在乎自己，不努力提升自己，那还会有谁帮助你呢？

为自己工作，才能让我们懂得对自己负责，也才能真正重视自己现在的工作。虽然公司不是你的，你的工资也不怎么高，但公司至少给了你一个平台，如果你不珍惜，就等于在浪费自己的时间和生命。如果你努力，也许将来某一天你会有自己的公司，你会发觉你以前做事的经验对你将起到很大的帮助。所以，为自己工作就是对自己负责。如果一个员工放弃了对公司的责任，也就放弃了在公司中获得更好发展的机会。没有责任也就等于放弃了成功，放弃了为自己工作的原则。这样的员工，老板当然不会看重。

为自己工作体现了一个人的责任感。责任感是评价一个员工是否优秀的重要标准。我们要很好地保持一种责任感，随时提醒自己，责任不是公司赋予我们的使命，而是我们为自己赋予的使命。一个缺少责任感的人，首先失去了社会对自己的基

本认可，其次失去了周围的人对自己的尊重与信任，也就不会成为一名优秀的员工，更不可能有所收获。一个具有高度责任感的人，他的事业水平也就越高。

我们的心态决定了我们的一切，如果你总想着你是在为别人工作，那么你肯定干不好。诚然，公司不是自己的，但你想过没有，无论做好做坏，你花的时间成本都是一样，你都要同别人一样早起晚睡，都要在公司里一天，那么为什么不做好呢？你可以不为老板负责，但你总要为自己负责！你现在所做的一切都是你的积累。一个人对待工作的心态，是积极的还是消极的，是上进的还是无所谓的，直接影响到工作的好坏。工作是一个人施展自己才能的舞台，无论做什么工作只要脚踏实地沉下心来做，总有收获。如果你只把工作当作一件苦差事，或者只将目光停留在工作本身，那么即使是从事你所喜欢的工作，你依然无法持久地保持对工作的激情。而如果把工作当作一项事业，情况就会完全不同了。

看看那些成功的人，那些优秀的人，他们总是非常努力的人，因为他们懂得在为谁工作。也因此他们总是主动去工作，并且力求做得更好，因为他们要为自己负责。

有两种类型的员工老板最不欣赏：一种是除非别人非要他

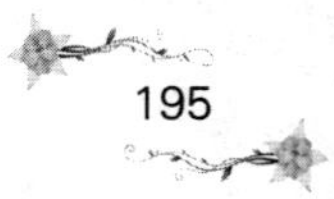


做，否则不会主动做事的人，这种人总是在等待，把所有的时光都消磨在等待上；另一种是即使别人让他做，他也做不好的人，这种人本身办事能力差，也就无法要求他什么。

第一种人最不可原谅，他们抱着为别人工作的态度做事，这种被动的心态势必不会做出什么成果。作为一个员工，你不能只是被动地等待别人告诉你去做些什么，而是应该主动去了解自己应该做什么，能做什么，怎样才能精益求精、做得更好，并且认真地规划，然后全力以赴地去完成。懒散的人、等待吩咐的人只能在成功门外徘徊。要想成功就要拿出进取心，真正有所成就的人是那些不需要别人催促，就会主动做事，而且不会半途而废的人。这种人知道自己的价值所在，在明确目标下积极主动地做自己应该做的事请，并且严格要求自己，努力要自己做到更好更出色。

我们要为自己而工作，为自己的理想，为自己的未来，为自己的成功而奋斗！只有抱着为自己工作的心态，你才会脚踏实地地工作，你才会珍惜目前的工作机会，才会对工作充满感激，才会时刻准备充实自己。等更好的机会来临时，你才能够抓住它而不是眼睁睁地看着它在你的眼皮底下溜走。

## 生存的意义不只是为了工作

幸福源自哪里？源于金钱？源于地位？非也。幸福源自我们对生活的满足，源自我们对幸福的感知，源自一种感恩的心态。

北京市政协委员任志强说：“幸福并不复杂。饿时，饭是幸福，够饱即可；渴时，水是幸福，够饮即可；裸时，衣是幸福，够穿即可；穷时，钱是幸福，够用即可；累时，闲是幸福，够畅即可；困时，眠是幸福，够时即可。爱时，牵挂是幸福，离时，回忆是幸福。人生，由我不由天；幸福，由心不由境。”

为什么很多才貌双全、事业有成之人生活得不快乐？为什么很多家境富裕、生活无忧的人却无法品尝到幸福的味道？为

什么很多人吃着美味、开着豪车却感觉生活空洞而无聊？

因为这些人总是被时间推着前行，丢掉了自己，也遗忘了生活本身的意义！在他们的世界中，除了竞争，还是竞争，除了追逐还是追逐！他们的内心缺少一种信仰和精神，那就是幸福地工作。

卡耐基说："工作的神圣性是难以言说的。"他认为工作的人是幸福的。有些人总抱怨工作枯燥，然而问题往往不是出在工作上，而是出在我们自己身上。如果你能够积极地看待工作，并努力从中发掘它的价值，那么你就会发现工作是一件乐事，而不是一种苦役。

当你集中精力于眼前的工作时，你就会发现你将获益匪浅——你的工作压力会减轻，做事不再毛躁、风风火火。由于精力集中，还能使你更热爱公司，更热爱自己的工作，并从工作中体会到更多的乐趣。

盖尔克是西门子中国区第一任销售总经理，他为德国西门子公司的电器产品占领中国市场立下了汗马功劳，他本人也因此赢得了名誉，取得了巨大的成功。

有记者采访他："你可以透露一下成功的秘诀吗？"盖尔克说："秘诀谈不上，我从1983年开始在西门子工作，已经

有19年工龄。我始终有一个座右铭，工作要专心致志，要在从事的工作中寻找乐趣，要有改变现状的决心，要能找到解决问题的方法，要有实际的行动。近20年来，我一直坚持这样的信念，在西门子的市场部、产品部、产品销售部都工作过，如果说取得了一点成绩，这就是其中的原因。”

快乐的人生就是“被需要”，快乐的工作也是“被需要”，如果我们能够用一种良好的心态去寻找工作的意义和乐趣，那么工作中的烦恼就会变得不值一提了。

代价最高的三个字就是：我没空！这几个字可能会使你付出数倍的代价。没有空，你就可以放弃你和家人相处的快乐？就可以忽略那些日益恶化的缺陷？就可以忽略身体对休息和运动的需要吗？无论在什么情况下，都别让“没有空”的想法使你没法完成有助于你获得幸福的事。

有两种人永远无法超越别人：一种人是只做别人交代的工作，另一种人是做不好别人交代的事。哪一种情况更令人丧气，实在很难说。总之，他们会成为第一个被裁员的人，或是在同一个单调卑微的工作岗位上耗费终生的精力。

用上面所说的任何一种方式做事，你或许可以躲过一时，却永无成功之日。在前工业时代，虽然听命行事的能力相当重

要，但个人的主动进取更受重视。决定哪些该做，就应该立刻采取行动，不必等到别人交代。清楚了解公司的发展规划和你的工作职责，你就能预知该做些什么，然后着手去做！

# 不为工作所累

我们工作到底是为了什么？这是一个我们都要弄清楚的问题。

第一，工作是人生的一种需要。我可以想象出一个人一生不工作会是什么样子，你也可以想象，我想他可能会寂寞而死，相信你会赞同我的这个观点。

第二，工作是为了获得工作的乐趣和成就感。我们只有在体会到工作的快乐之后才能热爱自己的工作，才能积极地、创造性地进行工作，才能拥有成就感，才能体会到成就带给你的快乐。

第三，工作是为了公司与社会。工作是可以创造价值的，

这不仅有利于你所在的公司，而且还有利于整个社会。

第四，工作是为了学习。你在工作中能够学习很多东西，如工作技巧、工作经验、良好的品质等，这些价值远比薪水要高得多。

第五，工作才是为了获得薪水。

很多人忙了一辈子，以为退休就会快乐了，其实大多数退休的人都不快乐。有一个人退休了，他积攒了一大笔钱，每天很悠闲，人人都羡慕他，却没有人想到有一天他居然自杀了。他之所以自杀，是因为他感到无事可做。换句话说，他失去了工作所带来的乐趣和成就感。

很多人一辈子都是在被动地工作，并且毫无乐趣可言，这样就成了工作的奴隶。这是为什么许多人感到工作繁重枯燥并且想跳槽的一个重要原因。

我的一位学生在工作三年后来问我："我感觉工作对我来说简直是一种负担，这是为什么？"我告诉他："因为你现在已经成为了工作的奴隶，而事实上你应该成为工作的主人。"

如今，许多人对自己的工作并不如意。但他们安于现状，年复一年、日复一日地默默忍受着工作中的苦恼。当他们感到沮丧或精疲力竭时，他们便会自我安慰道："唉！这就是生

活！这年头你还能要求什么？”言下之意，只要能赚钱养家，枯燥乏味的工作是可以容忍的，这实际上已成了工作的奴隶。

有一份自己喜欢的工作，有一个自己喜欢的人，这大概是世界上最美好的两件事了。因为前者为你提供生存的物质需求，后者为你提供生存的精神需求。

追求财富常会失望，追求权力常会落空。追求工作的乐趣正如追求知识一样，既不会失望，也不会落空。它是现代人的权利，也是现代人的义务。

人的一生中，可以没有很高的名望，也可以没有很多的财富，但不可以没有工作的乐趣，工作是人生中不可或缺的一部分。如果从工作中只得到厌倦、紧张与失望，人的一生将会多么痛苦；令自己厌倦的工作即使带来了名与利，这种光彩又是何等的虚浮！

要从工作中得到乐趣，那么首先不要让自己变成工作的奴隶，而要让自己变成工作的主人。无止境地日夜工作正如无止境地追逐玩乐一样不可取。工作不是为了生存，而是为了给个人的生活赋予意义，给生命赋予光彩。

带给自己工作乐趣不是最后达到的终点，而应当是工作的历程。一个演员的快乐要来自演戏的过程，正如一个老师要在

教学中得到快乐一样而一个待产的母亲，她的快乐不只是来自婴儿的诞生，同样也要来自怀孕中的期待。在他们的生活中，工作就是乐趣。

工作有无成果不在于自己的工作时间有多长，而在于自己人工作是否有效率，附加价值有多高。社会上已不再称赞一个人的苦劳，而是强调一个人的功劳。提高工作效率，就在于增加工作的成效；在工作成效中，自己才不会有努力白费的失望，也才有努力得到报酬的动力。

大多数人都是平凡的，但大多数平凡的人都想变成不平凡的人。这不是个别现象，事实上，社会的进步需要靠这股力量。可是，就当事人来说，会产生心理上的压力与情绪上的挣扎。不论是否能变成一个不平凡的人，一个人都应当从工作中得到乐趣。工作的乐趣如健康一样珍贵，但有时候比名与利更难得到。

不做工作的奴隶，除了要找到工作的乐趣外，还要主动地去工作。

对待工作，等老板分配任务是一种状态，把工作当成享受并主动去工作又是一种状态。对很多人而言，工作首先是一种谋生的手段，是不得已而为之。这本身有其合理性，但对于

一个充满责任心、使命感的人而言，仅仅停留在这一层面是不可想象的。如果能够在工作中找到乐趣，那么工作也就成了一种享受；剥夺了他的工作，就等于剥夺了他的享受。进入了这种状态，就没有了上下班的概念，一切都围绕着做好工作转。当一个人的工作与乐趣相重合的时候，他就找到了自己的黄金点，他的价值将会得到最大限度的体现。只有这样，你才是真正做了工作的主人。

# 第七章

# 分享与合作

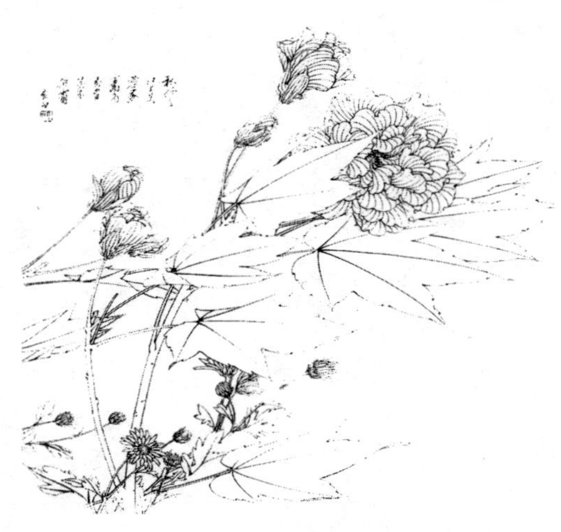

## 友谊的力量

就经济学来说，当你越贫穷时越不愿意去消费，越富有时越消费昂贵的物品就是奢侈品。而如果有样商品，不论你的经济情况如何，你都会有固定的消耗量，那就是必需品。而朋友确实具有必需品的特性。不管你的社会、经济、政治地位如何，都需要它来充当我们的精神支柱。试想，如果你的生活里只有家人没有任何一个朋友，你还会像现在这样快乐吗？所以朋友绝对不是奢侈品，应该是绝对的必需品。也许这样的比喻并不合适也不恰当，但这是事实！

在今日大家互相依赖的社会，不论在哪一个专业领域，单

独一个人想独立达到事业的顶峰是不可能的事情。而要得到别人帮助的最好办法，就是先帮助别人。当你试着随时鼓励并协助他人求取事业的成就，大部分人在你需要他们时都会助你一臂之力。不吝惜伸出援手，你才会得到相应的回报。众人拾柴火焰高，这样你的事业才能做大。

最高尚的人际关系是与人相处、分工、合作的精神。广义来说，合作就是对你的同事以行动来表示关心。当你能与别人合作无间时，你正是遵循着许多宗教与社会上所要传达的基本观念。

有时你会发现不论如何努力，困难必定会产生。有时是技术问题，有时是彼此意见的分歧。这时候要让自己始终保持友善及充分合作的态度，你要主动树立起开放沟通的典范，然后你会发现，你的工作小组具有足够的精神与心理准备来克服难关。

一群人若信赖他们的领导，而且不会为了建立自己的声望而彼此欺瞒，他们就会集中精力来解决问题并从中获益。他们会主动分享资讯及理念。训练有素的领导者就可以在互动的行为中找出问题的解决之道。但这种情形一定要建立在和睦且诚实的基础上。

忙碌而成功的人士应主动寻找新朋友，我想与他们建立

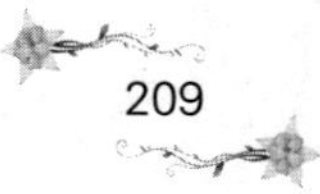



友谊，就得先努力协助他们。让他们知道你对他们跟对其他人一样，而不是对他们所能为你做的事感兴趣；如此你也许会发现，你已建立起真正且忠诚的友谊。“你如果需要朋友，就先成为别人的朋友。”友谊是基于不求回报的给予之上的。

你的行为往往表现出你是哪一种人。试着评估自己，你是否喜欢一个行为像你自己的人成为你的朋友呢？你是否能够毫不考虑回报地付出？又或者你只是要求别人为你做什么，却吝于助人呢？你花时间跟朋友保持联络吗？记不记得那些对你的朋友来说意义重大的事？你要是成为一个只对自己的事关心的人，遗忘了朋友的存在，那么不用多久你将失去所有的朋友。

你的朋友所表现的态度是由你造成的。你如果总是乐于助人且设身处地替人着想，你的朋友必然慷慨大方。你若视友谊为理所当然的事，并常常对自己的付出要求对方等同甚至更多的回报，那么你的朋友将都是这种性格的人。这正是物以类聚的道理。

钱能使你充满吸引力，并让一群人依附你。当然，这些人是因为你对他们有所帮助才跟你在一起。这只能说你与他们相识，但你们并非朋友。你富有的生活，就会有许多“熟人”；而不论你在何种社会阶层，处境如何，不先让自己成为一个益

友，你将永远不会拥有真正的朋友。慎选交友的对象，与积极进取并对“你”这个人感兴趣，而且会鼓励你努力向上的人交往。

我们经常需要在想要做的事与必须做的事之间做出选择。当你要做这类决定之前，首先你要确定一件事，你背弃过那些真正的朋友吗？那些在你需要他们时伸出援手的人；不论在何时，处于何种状况下，你都不可以放弃这些忠实的友人。

当你背弃在你最需要时曾帮助过你的朋友，你不但伤害了彼此的友谊，也严重打击了你的自尊。不管当时你的负担有多沉重，你让朋友失望，其实也是让自己失望。就算是你真的没有办法避免这种情况，也要想想其他的办法来补偿他们才好。

一个真正的朋友是无价的。当我们对某些人透露自己的希望、构想及内心深处的秘密之后，那些仍在喜欢并尊重我们的人，就是值得珍惜的。而那些通常愿意花时间与我们相处，做我们朋友的人，多半是因为觉得我们能为他们做些事。真正的友谊应该是互惠的，彼此都会因友谊而受益。你可以用成为一个值得尊敬的人来赢得友谊。当别人仰望你时，你应该警觉自己有责任给对方同样的尊敬。

人类的情感是最脆弱、最缺乏安全感的。我们都需要别人

的赏识来肯定自己，我们需要别人表达对我们是重视的、在乎的。友谊的维持也不例外，我们需要持续地努力和不断发自内心的表示，要常常告诉你的朋友他对你有多重要。并且记住那些对他们意义重大的事情，对他们的成就表示祝贺。最重要的一点是，让他们明白无论何时，你都会因他们的需要而伸出援助之手。

真正的友情是不会在意朋友的不完美，要接纳他们并作为自己的借鉴；发掘朋友好的一面而不是吹毛求疵。你的朋友不会喜欢你只爱批评别人的过失，却无法接受别人规劝的这个毛病。当朋友灰心失望时，一句鼓励的话应该比说教要好得多。做一个你自己会希望拥有的朋友，做一个倾听者，当别人要求你才提出意见，并珍惜朋友对自己的信任。对他们的成就加以赞扬，当他们失意时表示同情，但避免所谓“建设性的批评”；大部分人对自己的期望比别人对他的期望高得多，我们不需要朋友来提醒令自己深感痛苦的缺点。

如果你拥有一个能不计得失地为别人建立友谊的朋友，你应该深感庆幸。因为这样的人可以说非常罕见。我们被事业、家庭及每天紧张的生活步调压得透不过气来，留给自己的时间已经非常有限，更别说留给朋友的。但是我们也知道，友谊所

能够给予的，是值得一生珍藏的恩赐。

无论是私人的或公事上的朋友之间的友谊都需要刻意去培养、维持，这样才会长久。这个道理其实很多人都明白，但是，有时候我们实在太忙了，以至于很长时间都没去联系，或者自己太过疏懒，根本没去接触。离久是会情疏的，别老是指望对方主动来找你；抽时间跟朋友一起聊聊，谈谈心。利用几分钟的时间一起到麦当劳吃个汉堡也行，不一定非得要排两个小时的时间去吃顿商业大餐。好朋友是不会在乎那些的，他们在乎的只是一句关心的话语，简单的问候。抽出一点儿时间不仅可以时常保持联系，也不会妨碍到各自忙碌的行程，如果你也赞成这样的观点，那还等什么呢？哪怕一条信息，一个电话，打给你的真心朋友吧！

## 如何形成良好的人际关系

世界上没有绝对的好人，也没有绝对的坏人，这是因为世上没有绝对完美的人。只要有人，必然有缺点。他人有权利做一些和常人不太一样的事情，不要因为他们的习惯、嗜好不同，而厌恶他们。不要强迫别人改革，不要想束缚人，他想做什么，让他尽情地做吧！虽然你有权力“认定”自己的意见，但是，只要审查自己就够了，至于他人的意见，你是绝对无权干涉的。

如果我们能心平气和地分析自己的想法，几乎可以找出许多漏洞，如果能够有效地控制，那么你对别人也就有了正确的

想法，一定可以从他们那里找到喜爱、敬佩等特质。

一位主管，如果想要提升某个人，他一定会优先考虑一点：这个人的人际关系很好吗？

职位不是自然往上升的，需要别人提拔。在这个忙碌的社会，不论是谁，都无法一直牵着你的手，带领你一步步往上爬。但是，只要你肯用心学习、人缘又好，一定会受到赏识。你所交往的同仁，可以把你推到更高一层，所以必须有融合良好的人际关系，使提拔你的主管认为你是受欢迎的人物。

约翰逊总统受欢迎的程度和艾森豪威尔、肯尼迪两位总统相比，真是差了一大截。于是他在痛定思痛之余，在纸条上写了九个原则，并且常常拿出来看看作为自我警惕。写得非常好，如果你也想把自己的人际关系搞得更好不妨试试他的办法。这九个原则分别是：

（1）熟记别人的名字，假如无法做到，就表示你对他人不太关心。

（2）要让对方觉得和你在一起，丝毫没有拘束感，就像穿戴着舒适的衣、帽一样。

（3）你要培养出面对任何事情，都能有沉着镇定的应付能力。

（4）不要夸耀自己的长处，避免“我什么都懂”的自大狂。

（5）要让人觉得，必能从他的身上获得些什么。

（6）努力消除过去和现在所有的缺点。

（7）真正能够做到真心地喜爱别人。

（8）对于成功的人，要真诚地向他道贺，对于悲哀、沮丧的人，要适时地安慰他。

（9）要成为大家的精神力量，这样一来，他们一定会重新接受你。

想让大家接受你，就要使他人感觉你是重要的存在，必须使人觉得，你也是重要的存在者。因此，不管多么微小的事情，都要心怀感激，使别人能够感受到，不是你应该做的，而是心甘情愿的做。

某公司举行年终颁布奖典礼，销售部门的常务董事请这一年来销售成绩最高的两位经理，说说他们得奖后的心得。其中一位经理骄傲地说："我担任这个职位，仅仅三个月。不过，自从上任以来，我每天都在不断地改善、计划……"就这样一直滔滔不绝地炫耀自己有多能干，后来台下的人开始听得都不耐烦了。他把所有的荣誉都完全归功于自己，完全抹杀了别人的辛劳。和他同部门的销售员脸上都浮现出愤怒的神情。

而另一位经理在做报告的时候却和他形成了鲜明的对比。他先谦恭地一鞠躬，从容地走上讲台：“我们能获得这项荣誉，完全归功于所有的工作同人，他们是这样的热心，努力地工作……”并且把和他同组的销售员的名字一一叫出来，致以最真诚的感谢。于是，气氛显得融洽而愉快。

独占荣誉，不但徒增别人的反感，也使得销售员失去了干劲；把荣誉分给所有的销售员，自己不但毫无损失，还会赢得别人的支持、赞助。

# 团结力量大

每个人都会遇到难以妥协的境况，即使在协调最有利的情况下也不例外。领导者整合团体完成目标，很少会遭遇困难。因为成功的领导者具备机智、耐心、毅力、自信、知识，能够随着环境迅速调整自己，不会得罪任何一个人。不论是商业、政治或是社会上的领导人物都知道，一般人若得到的是请求，而非命令，那么他将会有较为突出的表现。

若是能够将每一道命令转换成婉转的要求，那么，你往往能得到比你想象更好的结果。你在开口时若是使用“你可不可以……”“你愿意帮我吗”，或是最常见的方式“请你……”

这类的句子，所收到的效果，绝对比胁迫为你工作的人要好得多。甚至那些不是你下属的人，在你需要他们协助时，与其命令他们，不如请求他们。如此一来，人们也会用比较认真负责的态度办事。

有效率的领导者明白与人共同使用的价值，他们学会在合作中遵循指导，并以工作的表现来证明自己足以担负大任。良好的领导者以身作则，来显示他对部属表现的期望。即使像部队被训练成毫无疑惑地接受命令，军官仍需带头冲锋陷阵。

在你真正加入大伙儿并追逐共同的目标之前，你是无法说服任何人接纳你的意见的。你没有办法强迫他人跟随你，你只能带动他们，使他们心悦诚服地站在你这边。当你的言语、行为能充分显示出，他们正为整个组织中最优秀的人工作时，他们将会紧紧地跟随你的领导。

没有任何一个伟大的文明是建构在对人民的不当对待之上，暴君或许可以暂时迫使别人为他工作，但却无法长久。除非人们获得应有的尊重，才会有维护组织或社会的意愿。我们必须对每个成员以公平合理的原则为基础来建立一家公司，或一个组织，要确保他人会遵守承诺或与你继续维持合作关系最好的方式，就是应用这一个长久以来颠扑不破的真理：“已所

不欲，勿施于人。”要设身处地为他人考虑，你应该会获得别人忠实且热诚的回报。为自己及别人设下高标准，然后善待合作伙伴，放手让他们去做，他们将会创造出你意想不到的奇迹。那么，你也就同时创造了持久不变的力量。

两个及以上的人合作、共同成长、同心一致、互相合作，这是事业及人际关系成功或失败的要素与秘诀。能够把别人的心结合在一起，就能成为领导者。每一位领导者都有自己的方法，让追随者合作，不论是胁迫、劝说、威胁或利诱，历史上知名的政治人物、商业巨子的例子俯拾即是。深得人心的领导者、业务经理及军事指挥官，都了解并且能够激励部属，为完成共同的目标而努力。

人脑像电池，能量耗损之后，使人变得无精打采，畏缩不前，此时就必须要充电。随时保持头脑的活力，定期与其他精神充沛的人接触，互相充电。与智慧相当或更有智慧的人接触，能够激励我们的智慧，同样，与消极的人来往，则令人消沉与怠惰。

两个人及以上在一起，能发挥足够的制胜力量。和谐非常重要，两颗心都受到鼓舞，温暖起来，才能结合在一起。团体中每一个成员都能够由潜意识中汲取其他成员的学识和能力。

这种效果立即可见，能够激发更大的力量、更活泼的想象力与第六感。

芝加哥颇具财力的商业集团，包括经营口香糖公司的威廉·莱利、经营午餐连锁店的约翰·汤普森、广告经纪人雷斯尔、经营快递公司的麦克·库洛、黄色计程车行的利奇还有赫兹。这六个人并没有特殊的学历，都是白手起家，他们并不是侥幸得来财富。他们定期聚会，分享彼此的观点，分析、研究，互相竞争、协调与创造。他们互相鼓励，依照个人的专行提出观念和建议，协助彼此的目标。

美国工业界的先驱卡耐基，他常常用一个方法来提高士气，鼓励团体合作。几十年来一直都没有人能想到比这更好的办法。到底他是怎样做的呢？其实很简单。

第一，根据每一个人的工作性质，设计某种有效的诱因，例如升迁或红利。

第二，他从来不公开指责任何一位员工，而是利用问题很巧妙地让员工自我检讨。

第三， 他从来不替员工作决策，他鼓励他们自己作决定，由他们承担结果。

他的这个方法最大限度地鼓励了个人在团队中发挥的作

用。发挥出团队中最大的力量，追求最大的成就。因为他相信唯有通过团体的合作，才能获得最大的成功。

不论是你和别人合作，或是别人和你合作，都是一样的。自私的领导都得不到部属的配合，因为合作就像爱一样，必须先付出，然后才能得到。

艾迪·利肯贝克上尉在空军服役的时候，他自己亲身经历了两次世界大战，他个人是非常鼓励团体合作的。在第一次世界大战时，他个人击落26架敌机。第二次世界大战时，他以身作则，带领一群飞行员同心协力，搭乘一部救生艇在太平洋上漂流长达一个月，终于安全地通过考验。

每一个成功的大企业，都是全体员工通力合作的结果。每一个获胜的体育队伍，荣誉都不单属于任何一个人，当然教练例外，他鼓舞队员全力以赴地追求荣誉。如果你能够使别人乐意和你合作，不论做任何事情，你都可以无往不利。

鹿特丹的努特·罗肯，一生因为擅长鼓舞别人团结合作而为人赞颂。耶稣当年登山训众，是促成团体成员友善合作的最好解释。这条金科玉律，是使人乐于合作最好的方法。和你的伙伴好好合作，团结力量大。

然而，在团结合作的过程中，智囊团的作用犹为突出。

智囊团是由两个或两个以上的人，以和谐的态度和主动积极的精神，为共同目标齐心努力的团体。智囊团原则使你得以把他人的经验、训练和知识所汇集的力量，当作是自己的力量一样加以运用；如果你能有效地应用智囊团，则无论你自己的教育程度或才智如何，几乎都能克服所有的障碍。

没有人能够不需要任何帮助而成功。毕竟个人的力量有限，所有伟大的人物，都必须靠着他人的帮助，才有扩展茁壮成长的可能。在现代生活里，竞争越来越激烈，你更不可能凭借个人的力量来完成某个科研任务。相反，利用集体的力量，团结协作是成功的关键。

## 没有合作难以成功

合作才能双赢，生活中处处充满了合作：与老板合作，与员工合作，与朋友合作，与同事合作，甚至与对手合作。人生在世，只靠自己单打独斗是永远干不出什么成绩来的，只有与别人合作才能创造奇迹，创造辉煌。

寒冬腊月里的一天，一个卖馒头的人和一个卖棉衣的人同时被风雪困在一座破庙中。第一天半夜，卖馒头的人很冷，卖棉衣的人很饿，但他们都不开口向对方求救，因为他们都想等对方会先开口。

就这样等到天明了，雪还是没有停，过了一会儿，卖馒头

的对自己说："吃一个馒头。"卖棉衣的也对自己说："穿上件棉衣。"

第二天，卖馒头的又说："再吃一个馒头。"卖棉衣的也说："再穿上件棉衣。"

就这样，卖馒头的一个一个吃馒头，卖棉衣的一件一件穿棉衣，谁也不愿向对方求助。第三天晚上，卖馒头的冻死了，卖棉衣的饿死了。

两个同时遭遇困难的人却由于自私而双双丧命，其实，只要他们有点合作精神的话，互相交换手中的东西给对方，那么他们还能有冻死和饿死的后果吗？不懂得合作只能自取灭亡。

有三只老鼠发现了一个盛满了油的油缸，它们很高兴终于可以吃到美味了，于是它们结伴去偷油喝。到了之后一看，油缸太深了，油在缸底，它们根本喝不到油，最后它们终于想出了一个很棒的办法，就是一只咬着另一只的尾巴，吊下缸底去喝油，它们取得一致的共识：大家轮流喝油，有福同享。

第一只老鼠最先下去了，它看到缸底那么一点油，仅供一个人喝，于是它想："油只有这么一点点，大家轮流喝多不过瘾，今天算我运气好，不如自己喝个痛快。"夹在中间的第二

个老鼠往下一看，大吃一惊，不禁想：“才那么一点油够谁喝呢？万一让第一只老鼠把油喝光了，我岂不是要喝西北风吗？我干吗这么辛苦地吊在中间让第一只老鼠独自享受呢？我看还是把它放了，干脆自己跳下去喝个痛快!”第三只老鼠则在上面想：“油是那么少，等它们两个吃饱喝足，哪里还有我的份，倒不如趁这个时候把它们放了，自己跳到缸底喝个饱。”

接下来，第二只老鼠就放了第一只老鼠的尾巴，赶紧跳到缸里去了。第三只老鼠也迅速放了第二只老鼠的尾巴，跳到了缸里。它们争先恐后地跳到缸底，抢着喝那少得可怜的一点油，结果它们谁也没喝上，倒是全身上下都沾满了油，它们浑身湿透，一副狼狈不堪的样子。等到它们想要爬上来时，才发现缸太深，而且到处是油，爬一下就会打滑，想要爬上来简直难如登天。结果，它们都饿死在缸里了。

自己想要喝到油，又担心被别人喝了去，三只老鼠就这样因自私而丧了小命。如果刚开始它们能够好好地合作，一个咬住一个的尾巴，兴许都能喝上，但是它们都害怕别人喝了去，于是自私的它们只能白白送了命。

一个人的力量是有限的，想要做成一件事就需要与别人合作，取人之长，补己之短，就能互惠互利，让合作的双方都从

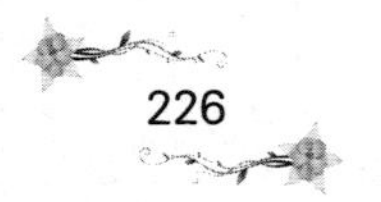

中受益。

成功者身上具有什么样的素质？美国普林斯顿大学包莫尔教授提出十大素质中的第一个就是“合作精神”，即与别人共同处事的精神。

狼是一种很凶残的动物，但是它们也是一个十分合作的团队，在一个狼群里，它们有自己的领袖，有严格的等级划分，所有的狼都必须听命于狼首领的意见，否则就会被抛弃，而一只单打独斗的狼是很难在残酷的动物界生存的。因此，狼很懂得“团队”“合作”的重要性，也因此它们很少会只顾自己的私利而不顾其他。

在对待外界的敌人上，狼更表现了无比强大的合作力量。当狼发现了攻击目标后，狼的首领就会发号施令，群狼听到命令后就会各就各位，这时不管目标如何明确，群狼中谁也不会独自跳出来攻击目标。因此，群狼在没有得到进攻的命令时，只是尖叫不已，彼此互相呼应为对方助威。

在攻击过程中，各个狼都坚守好自己的岗位，带头的狼奋勇向前，不顾一切地向目标扑去，诱敌者避实就虚、声东击西，协助者左蹿右突、尖叫助阵，这种高效的团队协作性往往使它们攻无不克，战无不胜。但是，如果只有一只狼，它们则

有可能成为老虎或狮子的盘中餐。在群体活动中，如果有谁受了伤，其他的狼不会独自逃走，并且会在战斗中倾尽全力去保护同伴。而且当母狼产下狼崽后，其他的狼会主动担当起保姆和保镖的责任。它们会轮流看护摇篮中的小狼崽，当狼长大后还会主动与它们嬉戏，教给它们如何躲避敌人、如何攻击敌人等本领。

自古以来，人们都很崇拜狼这个既凶残又勇敢的动物，因为它身上具备了许多人所渴望拥有但自身没有的东西，而重要的一个便是合作精神。

在动物界很多动物都天生懂得合作的重要性，因为它们知道离开了团队自己将无法生存，虽然它们内部也有残酷的竞争，但是相对于外界来说，内部除了争斗还有共同制敌的团结性，所以，大多数动物都必须依靠团队生存下去。大雁就是如此。

不知道你是否注意到大雁以“V”字形或“人”字形飞行，而且在雁群最前端的那只大雁经常更换，但它们始终保持着这种姿势飞翔，一直到到达目的地。领头的雁在前方开路需要经受较为强烈的气流冲击，这样就给后方的队伍缓解了飞翔的难度，所以大雁就要经常更换领头雁以确保雁群继续飞行。而在雁阵尾部的两个位置是最为轻松的，因此强壮的大雁就让

年幼的小燕或者病弱以及衰老的大雁占据这些省力的位置。而且如果哪只大雁受伤或者因疲劳而掉队，雁群不会抛弃它，相反它们会派出一只健康的大雁，陪伴掉队的同伴休息或养伤，直到它能继续飞行。

这就是大雁飞行中相互合作的情况，因为合作，它们飞得不是那么辛苦，不是那么艰难，但是如果是一只大雁独自飞行的话，它将如何呢？科学家曾在试验中发现，一只雁单独飞行比成群的雁以“V”字形飞行，能少飞72%的距离。

大雁的飞行情况说明了合作力量的强大，合作可以产生一加一大于二的倍增效果。

狼群和大雁的合作精神体现了一种保持生存最有效的办法，因为它们明白个体的力量是渺小的，而团队的力量却是坚固不可摧毁的。

学会与别人合作，大凡成功的人都是善于利用别人的力量而达到目标的。

## 在合作中寻找快乐

合作是一种能力，更是一种艺术。唯有善于与人合作，才能获得更大的力量，争取更大的成功。

在工作中，那些乐于助人、广结善缘的人，往往具有较强的亲和力，他们工作起来左右逢源、得心应手。相反，那些虽然自恃个人素质不错，优点、长处很多的人，却不能很好地处理与同事之间的关系。以致在他们需要合作的时候却得不到他人有力的援手。实践证明，一些人之所以在他们的工作中感到吃力、乏味，主要是因为他们无法与他人和睦相处、坦诚合作。

一个人的力量毕竟是有限的，那些看似强大的力量其实都是由点滴的个人力量聚集而成的。所以，如果想要取得成功，你就必须要拥有一个良好的人际圈子，你必须要清楚地知道要完成事业的辉煌，仅凭你一个人的力量是很难做到的。假使在你的成功道路上，你能够随时随地得到他人有益的帮助，那么你成功的机会就会多得多，也只有团结他人，你手中的力量才会更强大。良好的人际关系在我们的生活中真的很重要，但是，人际圈子并不是自然而然生长起来的，它是需要你来培养的。你只有用真诚和爱心才能巩固你的人际关系。

良好的人际关系，对于合作具有积极的促进作用。在合作过程中，我们必须要意识到其实每个人对待合作事宜都会有自己的原则和底线，比如起码要能做到利己不损人，最好能利己又利人，绝不能损人不利己，也就是说合作的最高境界是要尽力争取双赢的结局。那些不遵守游戏规则，耍小聪明，总想占对方的便宜的人最终只能自食其果。

从前有一座庙，庙里住着七个僧人，他们每天早晨的早点就是一大桶米粥。可是，七个人分食一桶粥，分量明显是不够的。一开始，他们决定轮流分粥，每人轮一天。按照这样的方法，每周下来，每人都可以在自己分粥的那天吃得饱饱的。

后来，他们又推选出一个道德高尚的师兄来分粥。大家为了能够多分一些，就都挖空心思去讨好他、贿赂他。过了些日子，大家觉得这个办法也不好，经过讨论，他们决定还是恢复原来的办法：轮流分粥制度，但分粥的那个人要等到其他人都挑选完之后，再吃那最后剩下的一碗。这样，每个分粥的人为了不让自己吃到最少的粥，在他们分粥的那一天都尽量做到分得平均。于是，师兄弟之间又恢复了往日的和气，日子也过得越来越快乐。

庙还是那座庙，师兄弟七人面对的还是那一桶分量不是很足的粥，但在不同的分配制度下，就会有不同的风气。所以，在合作中必须要有一定的规范来约束每个人，这样才能保护那些积极的合作者，从而消除那些浑水摸鱼、不劳而获的侥幸心理。

那么在人际关系中，怎样做才能让别人愿意与你合作呢？

（1）善于交流。同在一个公司工作，你与同事之间在对待和处理工作时肯定会存在某些差别，你要经常说这样一句话：“你看这事怎么办，我想听听你的想法。”这样，会有更多的同事愿意伸出援助之手。

（2）平等友善。在公司里，即使你各方面的表现都很优

秀，即使你的老板也似乎对你另眼相看，但你也不要显得太张狂。切记：你不可能独自完成一切工作。

（3）积极乐观。工作中，即使是遇上了十分麻烦的事，也要保持乐观的情绪，要对你的伙伴们说：“我们是最优秀的，肯定可以把这件事解决好。”

（4）接受批评。你要把你的同事和伙伴当成你的朋友，坦然接受他的批评。一个对批评暴跳如雷的人，每个人都会敬而远之的。

人和万事兴，团结就是力量。如果人心所向、众志成城，那就能以最小的代价获取最大的成功。